宁波茶通典

茶器典·玉成窑

宁波茶文化促进会　组编

张圭　著

中国农业出版社
北京

宁波茶通典

丛书编委会

宁波茶通典

主编

姚国坤 研究员，1937年10月生，浙江余姚人，曾任中国农业科学院茶叶研究所科技开发处处长、浙江树人大学应用茶文化专业负责人、浙江农林大学茶文化学院副院长。现为中国国际茶文化研究会学术委员会副主任、中国茶叶博物馆专家委员会委员、世界茶文化学术研究会（日本注册）副会长、国际名茶协会（美国注册）专家委员会委员。曾分赴亚非多个国家构建茶文化生产体系，多次赴美国、日本、韩国、马来西亚、新加坡等国家和香港、澳门等地区进行茶及茶文化专题讲座。公开发表学术论文265篇；出版茶及茶文化著作110余部；获得国家和省部级科技进步奖4项，家乡余姚市人大常委会授予"爱乡楷模"称号，是享受国务院政府特殊津贴专家，也是茶界特别贡献奖、终身成就奖获得者。

总序

踔厉经年，由宁波茶文化促进会编纂的《宁波茶通典》（以下简称《通典》）即将付梓，这是宁波市茶文化、茶产业、茶科技发展史上的一件大事，谨借典籍一角，是以为贺。

　　聚山海之灵气，纳江河之精华，宁波物宝天华，地产丰富。先贤早就留下"四明八百里，物色甲东南"的著名诗句。而茶叶则是四明大地物产中的奇葩。

　　"参天之木，必有其根。怀山之水，必有其源。"据史料记载，早在公元473年，宁波茶叶就借助海运优势走出国门，香飘四海。宁波茶叶之所以能名扬国内外，其根源离不开丰富的茶文化滋养。多年以来，宁波茶文化体系建设尚在不断提升之中，只一些零星散章见之于资料报端，难以形成气候。而《通典》则为宁波的茶产业补齐了板块。

　　《通典》是宁波市有史以来第一部以茶文化、茶产业、茶科技为内涵的茶事典籍，是一部全面叙述宁波茶历史的扛鼎之作，也是一次宁波茶产业寻根溯源、指向未来的精神之旅，它让广大读者更多地了解宁波茶产业的地位与价值；同时，也为弘扬宁波茶文化、促进茶产业、提升茶经济和对接"一带一路"提供了重要平台，对宁波茶业的创新与发展具有深远的理论价值和现实指导意义。这部著作深耕的是宁波茶事，叙述的却是中国乃至世界茶文化不可或缺的故事，更是中国与世界文化交流的纽带，事关中华优秀传统文化的传承与发展。

　　宁波具有得天独厚的自然条件和地理位置，举足轻重的历史文化和人文景观，确立了宁波在中国茶文化史上独特的地位和作用，尤其是在"海上丝绸之路"发展进程中，不但在古代有重大突破、重大发现、重大进展；而且在现当代中国茶文化史上，宁波更是一块不可多得的历史文化宝地，有着举足轻重的历史地位。在这部《通典》中，作者从历史的视角，用翔实而丰富的资料，上下千百年，纵横万千里，对宁波茶产业和茶文化进行了全面剖析，包括纵向断代剖析，对茶的产生原因、发展途径进行了回顾与总结；再从横向视野，指出宁波茶在历史上所处的地位和作用。这部著作通说有新解，叙事有分析，未来有指向；且文笔流畅，叙事条分缕析，论证严谨有据，内容超越时空，集茶及茶文化之大观，可谓是一本融知识性、思辨性和功能性相结合的呕心之作。

这部《通典》，诠释了上下数千年的宁波茶产业发展密码，引领你品味宁波茶文化的经典历程，倾听高山流水的茶韵，感悟天地之合的茶魂，是一部连接历史与现代，继往再开来的大作。翻阅这部著作，仿佛让我们感知到"好雨知时节，当春乃发生，随风潜入夜，润物细无声"的情景与境界。

宁波茶文化促进会成立于2003年8月，自成立以来，以繁荣茶文化、发展茶产业、促进茶经济为己任，做了许多开创性工作。2004年，由中国国际茶文化研究会、中国茶叶学会、中国茶叶流通协会、浙江省农业厅、宁波市人民政府共同举办，宁波茶文化促进会等单位组织承办的"首届中国（宁波）国际茶文化节"在宁波举行。至2020年，由宁波茶文化促进会担纲组织承办的"中国（宁波）国际茶文化节"已成功举办了九届，内容丰富多彩，有全国茶叶博览、茶学论坛、名优茶评比、宁波茶艺大赛、茶文化"五进"（进社区、进学校、进机关、进企业、进家庭）、禅茶文化展示等。如今，中国（宁波）国际茶文化节已列入宁波市人民政府的"三大节"之一，在全国茶及茶文化界产生了较大影响。2007年举办了第四届中国（宁波）国际茶文化节，在众多中外茶文化人士的助推下，成立了"东亚茶文化研究中心"。它以东亚各国茶人为主体，着力打造东亚茶文化学术研究和文化交流的平台，使宁波茶及茶文化在海内外的影响力和美誉度上了一个新的台阶。

宁波茶文化促进会既仰望天空又深耕大地，不但在促进和提升茶产业、茶文化、茶经济等方面做了许多有益工作，并取得了丰硕成果；积累了大量资料，并开展了很多学术研究。由宁波茶文化促进会公开出版的刊物《海上茶路》（原为《茶韵》）杂志，至今已连续出版60期；与此同时，还先后组织编写出版《宁波：海上茶路启航地》《科学饮茶益身心》《"茶庄园""茶旅游"暨宁波茶史茶事研讨会文集》《中华茶文化少儿读本》《新时代宁波茶文化传承与创新》《茶经印谱》《中国名茶印谱》《宁波八大名茶》等专著30余部，为进一步探究宁波茶及茶文化发展之路做了大量的铺垫工作。

宁波茶文化促进会成立至今已20年，经历了"昨夜西风凋碧树，独上高楼，望尽天涯路"的迷惘探索，经过了"衣带渐宽终不悔，为伊消得人憔悴"的拼搏奋斗，如今到了"蓦然回首，那人却在灯火阑珊处"的收获季节。编著出版《通典》既是对拼搏奋进的礼赞，也是对历史的负责，更是对未来的昭示。

遵宁波茶文化促进会托嘱，以上是为序。

宁波市人民政府副市长 杨勇

2022年11月21日于宁波

目录

宁波茶通典·茶器典·玉成窑

总序

第一章 ◎ 文人紫砂的历史

童衍方（号晏方）十言对联

释文：紫砂天赐报翁试泥为玉

窑火世承子泉嗣业成铭

第一节　紫砂茶器溯源

我国饮茶历史久远，茶器随着茶的制作方式和饮用习惯而改变，茶器的文献可上溯至西汉王褒的《僮约》。茶饮历经汉代的生煮羹饮，唐代的煮茶法和宋、元点茶法的演变，至明代的撮泡法始呈巨变，明太祖在洪武二十四年（1391）九月正式废除福建团茶进贡，改贡散茶。就此，明代的泡茶方式和茶器发生了重大变化，宜兴紫砂壶随之产生。明末清初时期，江南的文人士林特别爱好品茗，使用宜兴紫砂壶泡茶的方式日渐盛行，紫砂茶器由此成为文人书斋的新贵，有关紫砂的题咏诗文和研究著作也不断涌现。明代周高起的《阳羡茗壶系》是史上第一部系统阐述宜兴紫砂的专著，此书著于周高起晚年，他在书序中说："茶在近百年的发展过程中，不断淘汰了银、锡茶器及福建和江西的陶瓷壶具而崇尚宜兴紫砂壶。"明确肯定了宜兴紫砂自明代起就已成为泡茶壶具的主流。

宜兴紫砂茶器因茶而生，之所以在明代中后期兴起并流行，在于由宜兴本地的紫砂烧制的茶壶更能充分发挥茶本身的色、香、味之特性。一方面，紫砂壶因具有明显的双重气孔透气特征，泡茶无土气又无焖熟味。正如文震亨在《长物志》说："茶壶以砂者为上，盖既不夺香，又无熟汤气。"《阳羡茗壶系》记述，"以本山土砂能发真茶之色香味"，紫砂壶优异的透气性，能泡出茶的原汁原味，自明代起已被世间所公认。另一方面，紫砂壶在生坯烧结后泥料会呈现出质地坚结、颗粒丰富的质感，色泽质朴素雅、内敛不张扬，上手把玩温润如玉，令人倍感亲切。"壶入用久，涤拭日加，自发黯然之光，入手可鉴，此为书房雅供。"①明代宁波人闻龙在《茶笺》中称赞道："摩掌宝爱，不啻掌珠。用之既久，外类紫玉，内如碧云，真奇物也。"可见紫砂壶在明代就由单纯的茶器演变为掌中雅物，经长年累月泡养后表面皮壳会自然氧化，形成温润细腻的光泽，犹如美玉宝珠，视觉和手感静美宜人，令人爱不释手。紫砂壶泡出的茶汤口感及香气相比其他材质的茶具会更胜一筹。据史料《阳羡茗壶系》记载，当时名家制作的一把紫砂壶重不过数两，而价格却是一二十金（两），这种现象令人惊叹。因此，宜兴紫砂在当时就被誉为"世间茶具称为首"②不无道理，即使现在一把公认好的紫砂壶，价格同样令人咋舌。

相传紫砂壶的创始者为金沙寺的一位僧人，《阳羡茗壶系》创始篇这样记载："金沙寺僧，久而逸其名矣。闻之陶家云，僧闲静有致。习与陶缸瓮者处。扶其细土，加以澄练，捏筑为胎，规而圆之，刳使中空，踵扶口、柄、盖的，附陶穴烧成，人遂传用。"在正始篇中提道："供春，学宪吴颐山公青衣也。颐山读书金沙寺中，供春于给役之暇，窃仿老僧心匠，亦淘细土扶胚（坯）。"名仕吴颐山先生的书童供春"窃仿"金山寺僧的制壶技艺而使紫砂闻名遐迩，当时被公认为制作紫砂的鼻祖。而时大彬则是继供春之后家喻户晓的制壶名匠，其后制壶名家辈出。周容在《宜兴瓷壶记》中说："时后起数家，有徐友泉、李茂林、有沈君用。甲午春，余寓阳羡，主人致工于园，见且悉工曰：'僧草创、供春得华于土，发声光尚已，时为人敦雅古穆，壶如之。'"明末清初著名诗人林古度在《陶宝肖像歌为冯本卿金吾作》诗中写道："我明供春时大彬，量齐水火扶埴作。作者已往嗟滥觞，不有循月令仲冬良。"表明紫砂壶之滥觞为供春、时大彬二人。

据现有的历史文献资料和当代出土的文物考古分析，宜兴紫砂壶应滥觞于明代正德嘉靖年间，成熟于万历至崇祯，至今约有500年的

---

① 《紫砂古籍今译》，第8页，2011年1月，北京出版社出版。

② 《紫砂古籍今译》，第19页，2011年1月，北京出版社出版。

历史。目前考古发掘发现有确切纪年最早的紫砂壶是南京吴经墓出土的一把提梁壶。墓主人吴经是明武宗朱厚照（正德）皇帝所宠信的宦官，嘉靖十二年（1533）殁，葬南京。该壶形制和嘉靖年间进士王问的《煮茶图》（现藏台北故宫博物院）中煮水用的壶型非常相像，说明该壶可能是煮水的器具。顾景舟先生主编的《宜兴紫砂珍赏》记录："此壶是在南京中华门外马家山油坊桥明代司礼宦官吴经墓中出土，该墓砖刻墓志表明，墓葬年份为明嘉靖十二年（1533）。此壶是我国目前有纪年可考的最早的紫砂壶，至迟产于明嘉靖十二年以前。"观此提梁壶，造型简练、结构严谨并端正古朴，明代风格与气息明显。最值得今人研究借鉴的是它的造型艺术，壶身丰腴雄浑有张力，三弯壶嘴线条变化灵动洒脱，刚健自如。提梁与壶钮处理独具匠心，既方便实用又比例到位，为明代典型造型。

在无锡文物管理委员会保管的甘露华察族墓中出土了明代崇祯二年"大彬三足如意纹盖壶"。此壶构思别出心裁，造型厚朴典雅、气息高古，手法娴熟且自然随性，契合泡茶实用功能，局部造型、壶内及细节做工讲究得体，特别是三足的形制、比例等处理得恰到好处，敦厚有力。明代学者许次纾在所著《茶疏》提到大彬之制："往时龚春茶壶，近日时彬所制，大为时人宝惜。盖皆以粗砂制之，正取砂无土气耳。随手造作，颇极精工。"明人戏曲家张大复在《梅花草堂笔谈》中写道："时大彬之物，如名窑宝刀，不可使满天下。使满天下必不佳。"时大彬所制壶器在明代就享有盛誉，其粗而不媚、朴而大雅的特点，形成了独特的朴雅坚致的艺术风格。《宜兴紫砂珍赏》评价三足如意纹盖大彬壶："从造型、制技、烧成火候等各方面审辨，这壶已是一件技艺成熟雅致的紫砂工艺品，仅选泥与后来精选讲究的清代用泥尚有区别。此壶形制完备、技巧熟练，切合实用功能，是紫砂圆器的佳作之一，完全能体现出时大彬的风格。再者，此壶出土时有华氏墓志的确切纪年，也是一件有据可考的时大彬壶。"此壶只有亲自上手后才会真正感受到周高起独尊时大彬为明代大家的缘由，可见大彬壶所体现出的审美品位之高洁。

时大彬是明代万历至崇祯年间宜兴制壶名家，史学家徐鳌润考其生卒约1573—1662年，制壶技艺由其父时朋传授，壶艺传至大彬，始蔚然大观。大彬对泥料配制、成型技法、造型设计和铭刻等，均研究深入，成就卓著。据《阳羡茗壶系》大家篇介绍："时大彬，号少山。或淘土，或杂碙砂土，诸款具足，诸土色亦具足。不务妍媚而朴雅坚栗，妙不可思。初自仿供春得手，喜作大壶。后游娄东，闻眉公与琅琊、太原诸公品茶施茶之论，乃作小壶。几案有一具，生人间远之思。前后诸名家并不能及，遂于陶人标大雅之遗，擅空群之目矣。"时大彬受娄东陈眉公等文人启发由大壶转变小壶，是紫砂史上一次重大的改革，也是茶器变革中最重要的阶段，其影响所及沿至今日。大彬制壶擅长创新，技艺超群绝伦，所谓"千奇万状信手出，巧夺坡诗百态新"[1]"为前后名家不能及"[2]。其所制茗壶，初期请书家落墨，用刀刻出，后自己运刀成书，字体娴雅，初具意韵。大彬所传弟子甚众，几乎个个知名于彼时，其中著名徒弟有徐友泉和李仲芳，均是当时制壶的高手。

早期的紫砂壶，壶体略大些，自时大彬创制小壶后，因适合文人士林泡茶的需求而逐渐流行。制作工艺有圆器打身筒、方器镶身筒等，并形成了成熟完整的成型技法，成型手法根据器型需要而定，偶尔亦会借助木模帮助成型。紫砂壶历来的装饰技法有陶刻、铺砂、绞泥、雕塑、贴花印花、泥绘、彩釉、描金、雕漆、包镶等。自明晚清初以后，紫砂茶器不断普及，文人雅士对紫砂壶的偏爱使他们以不同方式参与到紫砂的革新之中。紫砂壶在器型的变革中逐渐增添了诸多文化元素，使普通工艺紫砂茶器初步具备了文人的审美思想和艺术情趣。

---

[1][2] 《紫韵雅玩》，第22页，2008年10月，天地方圆杂志社出版。

第二节　紫砂铭刻历史

在工艺美术发展史中，铭刻可以说是最早的艺术品类之一。从考古发掘与文献资料中得知，新石器时期先民已在陶、石、牙、骨等器物上刻画符号标记，虽然不能十分确定它们的具体意义，但这些符号标记应是远古先民向往美好生活的方式之一。在距今约七千年前的浙江余姚河姆渡文化遗址中，曾出土过大量带有纹饰的陶、骨、牙质等器物。其中"连体双鸟太阳纹象牙蝶形器"是铭刻较为完整的一件牙质象形器，铭刻的内容大概是原始的图腾或部族的徽号。此器制作精良，技术娴熟，铭刻的水平和意义令人叹为观止。殷商时代，人们用刀在龟甲兽骨上铭刻文字和图案，这些原始文字纹饰粗犷劲秀，刀锋挺锐，已初具一定的艺术观赏性。东周末年至秦汉时期，随着铁器的产生，青铜器已逐步由礼器转变为日常生活用器。

这个时代的青铜器上的纹饰虽然仍为浇铸，但文字也有采用铭刻或錾凿的方式。这些纹饰和铭文精严工致，美轮美奂，其中不少被誉为中国雕塑史和工艺美术史上的经典之作，是中国文化艺术里辉煌的种类之一。先秦时期除了铜器铭刻外还出现了石刻，最早的石刻文字是秦以前的大篆，因其刻石外形似鼓而称作石鼓文，铭刻风格雄浑古朴，规严肃整，铭刻内容为叙事四言诗。两汉时期开始盛行碑类石刻，种类有碑碣、墓志、石阙铭等。汉魏时期由于曹操抑制奢靡之风，禁立私碑，以及西晋永嘉南渡，大量的汉碑被损毁，遗存的碑版数量已不多，但汉代的碑石铭刻还是给我们留下了一个广阔而奥秘的艺术世界。北朝沿袭东汉的树碑之风，碑刻极为丰富精湛，铭刻艺术辉煌壮丽，是继青铜文明之后的一颗璀璨的明珠。石刻种类有数千种之多，有塔铭、造像题记、经幢、摩崖等，铭文可谓"隶楷错变，无体不有"①。康有为在《广艺舟双楫》中称赞魏碑有十大美："一曰魄力雄强；二曰气象浑穆；三曰笔法跳越；四曰点画峻厚；五曰意态奇逸；六曰精神飞动；七曰兴趣酣足；八曰骨法洞达；九曰结构天成；十曰血肉丰美。"铭刻从远古时期开始孕育形成，经商周、先秦、秦汉时期的发展，直至南北朝时期出现变革，进而成为艺术表达中一个重要手法，为唐宋乃至明清时期的铭刻取得较高的艺术成就奠定了坚实的基础。

铭文的产生和发展不仅与文字的产生和发展有着密切的关系，还与人类文明、人类自身的发展和社会经济的发展有着不可分割的关联。自远古先民在器物上铭刻简单的符号开始，铭刻就一直延续至今。铭文的形式从原始的徽记符号、物勒工名、祭辞敕命、墓志追孝、记事符节等，逐步向抒发情感、陶冶情操的文人铭刻演变，铭刻的内容由记人记事记物逐步被文人思想所替代。

至明代，文人士大夫为了精神心志的寄托和道德修养的传播，常常喜好在器物上铭刻文字。他们继承铭刻的古韵遗风，热衷于题铭镌刻，尤其喜欢在日用器具、文房雅玩上铭刻，作为自我观省的座右铭。明代学者李濂（1488—1566）认为："古之人动息有养，所以防邪僻而导中正者，必随器寓警焉。"所以他家中的杂器物"新故不齐，咸切于用，暇日为之铭，命童子讽诵我侧，以为养心之助，所愧辞旨芜谬，不敢示诸人人"②。明代"文坛四杰"何景明（1483—1521）《杂器铭十首》中说："君子察名绎义，则而象之，所以益德也。著之铭章，以时观省，所以闲邪也，古人之意将不在是哉。予室杂用大小器，皆质良无他珍异，予以其具自存，览志气攸寓，乃私古人之遗意，各着铭一章，凡十章，用以自儆。"以此可见，明代在日用大小器物上铭刻已蔚

① 《广艺舟双楫》，第64页，2004年10月，北京图书出版社出版。
② 《品味奢华》，第240页，2008年7月，中华书局出版。

然成风，受到很多文人墨客的喜欢，这应该是文人铭刻的发端。常见的明代文人铭刻有竹刻、木刻、牙刻、砚铭刻、赏石铭刻、玉器铭刻、铜器铭刻等，可见当时文人士大夫对镌刻的喜爱程度和创作热情，反映了文人和工匠的完美融合，展现了文人的文化思想和审美个性。这类铭刻有自书自刻，也有文人携镌刻家共同完成，或诗文或书法或绘画，或三者结合于一器。纵观这些铭刻古器，刀法自然遒劲，布局清新古雅，作品格调高古，讲究诗情画意。"书卷气"和"金石味"并存，符合当时文人的审美情趣。

明代文人铭刻的发展，对始于明中后期的紫砂壶铭产生了深远的影响。紫砂文化的发展离不开文人的参与和指导，文人的审美取向对紫砂文化具有重要的指导性和社会影响力。宜兴紫砂是文人介入的重要载体，铭刻是文人参与紫砂艺术创作最直接的形式。明代文人酷爱茶香，紫砂壶是他们书斋的常用之物。这是因为紫砂具有透气不伤茶性的特点，明人冯可宾在其著的《岕茶笺》中说道："茶壶，窑器为上……以小为贵，每一客，壶一把，任其自斟自饮，方为得趣。何也？壶小则香不涣散，味不耽搁。"由于明代文人的喜爱，使得紫砂壶在茶饮中占据了主要地位，而文雅的紫砂铭刻自然也随之形成。明末清初江南文人重视品茶，对茶器尤为讲究，在紫砂壶器上题铭镌刻从最初的爱好逐步成为一种风尚，匠人也以文人为榜样，学习文人的铭刻方式。

《阳羡茗壶系·别派》有记述："镌壶款识，即时大彬初倩能书者落墨，用竹刀画之，或以印记，后竟运刀成字，书法闲雅，在《黄庭》《乐毅》帖间，人不能仿，赏鉴家用以为别。次则李仲芳，亦合书法。若李茂林，朱书号记而已。仲芳亦代时大彬刻款，手法自逊。"《阳羡名陶录》卷下引张燕昌《阳羡陶说》中说："陈鸣远手制茶具雅玩，余所见不下数十种，如梅根笔架之类，亦不免纤巧。然余独赏其款字有晋唐风格。盖鸣远游踪所至，多主名公巨族，在吾乡与杨晚研太史最契，尝于吾师樊桐山房见一壶，款题'丁卯上元为崞木先生制'，书法似晚研，殆太史为之捉刀耳。又于王汋山家见一壶，底有铭曰：'汲甘泉，瀹芳茗，孔颜之乐在瓢饮。'阅此，则鸣远吐属亦不俗，岂隐于壶者与！"。根据现有遗存的文献资料和古器实物考证，在紫砂壶上刻款、题铭始于时大彬、陈鸣远等人，说明明末清初的茶饮风尚已有文人引领。

第三节　文人紫砂发端

　　明代史学家张岱在《陶庵梦忆》中称："宜兴罐，以龚春为上，时大彬次之，陈用卿又次之。"这是指三者制壶的手艺次序。陈用卿也是明代制壶名家，周高起《阳羡名壶系》把他列入"雅流"的名列，其中写道："陈用卿，与时同工，而年技俱后……式尚工致，如莲子、汤婆、钵盂、圆珠诸制，不规而圆，已极妍饬，款仿钟太傅帖意，落墨拙，落刀工。"可见陈氏所制已初具文雅之气，壶铭书法追求钟繇笔意，其作品的文化气息应不在供春和时大彬之下，至清初壶铭镌刻名家，以陈鸣远的成就最为显著。陈鸣远，又名远，号鹤峰、壶隐，又号石霞山人，出生于江苏宜兴上袁村的紫砂世家，为清康熙年间紫砂名家。《川埠陈氏宗谱》记载其生于顺治戊子（1648）八月十七日，卒于雍正甲寅（1734）十月，享年86周岁。他是一位受过良好教育的多才多艺的太学生，制壶技艺精湛全面。塑镂兼长，构思脱俗，善制新样，壶体调色巧妙，无所不见其巧。署款刻铭和印章并用，所镌款识书法雅健，有晋唐风格，为时大彬后又一代壶艺大师。

　　陈鸣远擅将茗壶制成瓜蔬样式，壶身常题铭镌刻，自然蕴理趣，美中各有别。把壶艺、茶道和文人的风雅情致融为一体，开创了壶体刻诗铭辞的文秀之风。作品被文人学士、名公巨卿竞相觅取，有"海外竞求鸣远碟"①的赞语。清吴骞《桃溪客话》说："国朝宜兴陈远，工制砂壶，形制款识，无不精妙。予目中所见，及家旧蓄者数器，意谓即供春、少山无以过远也。"在《阳羡名陶录·家溯》中记载："鸣远一技之能，间世特出，自百余年来，诸家传器日少，故其名尤噪。足迹所至，文人学士争相延揽，常至海盐馆张氏之涉园，桐乡则汪柯庭家，海宁则陈氏、曹氏、马氏，多有其手作，而与杨中允晚研交尤厚。予尝得鸣远'天鸡壶'一，细砂作，紫棠色，上锓庚子山诗，为曹廉让先生手书，制作精雅，真可与三代古器并列。窃谓就使与大彬诸子周旋，恐未甘退就郐莒之列耳。"陈鸣远和以往的制壶大家不同，其与海盐涉园张维赤、画家汪柯庭、学者曹廉让、海宁名士杨中允、马思赞等文人墨客多有交流，并合作题铭刻壶，超越了匠人的局限性。徐喈凤《重修宜兴县志》同样记载道："陈鸣远工制壶、杯、瓶、盒，手法在徐（友泉）、沈（君用）之间，而所制款识、书法雅健，胜于徐、沈。故其年虽未老，而特为表之。"陈鸣远的壶艺风格鲜明脱俗，不仅把自然形体作为茶壶创作的重要思路，还从日常生活着眼，创制出诸多紫砂像生作品，无不栩栩如生，洋溢着浓郁的生活情趣。同时又在艺术形式中融入紫砂镌刻，文意诗情浓载于物，这些创作实践极大地丰富了紫砂艺术的欣赏性。顾景舟在《宜兴紫砂珍赏》中评价陈鸣远是集明代以来紫砂传统之大成者。然而他更是一个上承明代制壶精粹，下开清代文人紫砂的奠基者，为清代文人紫砂的兴起和鼎盛发展打下了基础。正如紫砂学者黄健亮所言："康熙陈鸣远为紫砂壶铭的发扬者，后来的嘉庆陈曼生应该是中兴者。"

陈鸣远传器不多，南京博物院藏有"陈鸣远款东陵瓜壶"。泥呈

---

① 《荆溪紫砂器》，第4页，1999年4月，台北盈记唐人工艺出版社出版。

色褐黄，胎质温润细腻。壶身塑为圆硕丰满的瓜型，壶嘴覆以翻转有致的瓜叶。内壁单孔，残梗瓜蔓扭弯为壶把，丝纹历历。压盖作蒂形，蒂钮已残，后配以骨质钮。壶底稍向里凹，中心有脐。腹部刻行书"仿得东陵式，盛来雪乳香。鸣远"，款下钤阳文篆书"陈鸣远"方印。东陵瓜典出西汉早期，说的是秦代东陵侯邵平弃官为民在长安种瓜的故事。此壶原称"南瓜壶"，但宋伯胤先生认为应正名为"东陵瓜壶"。因为在古人心目中，东陵瓜就是安贫抱朴、耿介不阿的召平化身。陈鸣远仿制此瓜壶，正是"吉士寄思存"[①]的意思。

　　苏州博物馆藏有鸣远款"清德"软耳提梁壶，取莲蓬造型，精巧秀美、古趣灵动。壶身镌铭："资尔清德，烦暑咸涤，君子友之，以永朝夕。"上海博物馆藏有鸣远款"饮读壶"，壶身铭刻："且饮且读，不过满腹。为禹同逆兄。"这些紫砂茗壶技艺别出心裁、独具妙心，集光素、筋纹及花器造型的巧思于一身。通过制作技艺与书法铭刻相结合的方式，将诗文内涵融入紫砂壶中。作品体现了人文思想，具有文人气息，紫砂壶开始有了质的改变。

第四节　文人紫砂兴起

一、文人寄兴紫砂

　　茶作为中国文化的重要组成部分，兴于唐，盛于宋，流行于明清，延绵至今，源远流长，从未断裂。"琴棋书画诗酒茶"与"柴米油盐酱

---

① 《宋伯胤说紫砂》，第116页，2008年11月，西泠印社出版社出版。

醋茶"相互呼应,由此可见茶本身兼具物质与文化的特性。而将普通的茶饮提升到茶文化意境,则应归于文人士大夫的参与。在文人看来,清静淡雅、自在洒脱是一种人生意境,而饮茶的情趣正好与文人追求的这种超凡脱俗的生活情趣相吻合。茶生于灵山秀峰,承甘露之润泽,吸天地之精气。古人对茶的推崇正因茶所象征的是清静无为的境界,自古文人多茶客,茶以自己独特的养生之道和文化内涵滋养和丰富着文人雅士的身心,为其清思助兴。

古人饮茶讲究环境,在室内需凉台静屋,明窗净几之类;又以野趣为好,或处林柳之荫,或会泉石之间,或对春阳暮日,或沐清风朗月。同时饮茶时还常辅以其他雅事,如品茶与赋诗,品茶与玩墨,品茶与绘画,品茶与聆曲等。许多文人墨客在写诗作画听曲时都喜以茶作伴,以茶为友。正是由于茶文化的盛行,作为泡茶的器具,"以砂者为上"的紫砂壶得到文人的普遍青睐,成为交友晤谈和文房雅物的主角。紫砂和茶的自然结合,既家常化又具情趣性。文人雅士觉得紫砂壶亲切、易于掌握,往往乐意上手玩赏。紫砂壶温润素朴的特性与文人气质恰好相符,这引起了文人士林的关注和青睐。直至清代中后期,更是由文人士大夫直接参与并主导了紫砂的艺术创作。

在关于紫砂的史料中,以各种形式参与紫砂壶艺的明代文士、艺术家有唐寅、项元汴、董其昌、陈继儒、文震亨、汪文柏等,清代有郑板桥、陈曼生、胡公寿、虚谷、徐三庚、梅调鼎、任伯年、吴大澂、端方等。紫砂壶器变得更雅气、脱俗气,完全有赖于这些文人士大夫和艺术家的介入。明清文士品茶之风的流行对紫砂壶艺的影响极大,它不仅让制壶艺人接近文士的生活,而且改变了紫砂壶由煮水到泡茶的单一功能,成为艺术创作的新载体。文人指导的紫砂创作,首先表现的是他们的人文思想,其次表现的是审美雅趣,使紫砂壶艺跨上了一个新的高度。清代中后期参与紫砂创作的文人雅士群体远远多于明代，因而文人紫砂在嘉庆年间得到中兴。清代的文士在文艺和饮茶活动中，通常与制壶艺人相互交流，相互亲近，取长补短，在"重文轻技"的时代实在是难能可贵。受儒家文化影响，历史上士大夫和文人通常少与手艺工匠为伍，而工匠对士大夫和文人也是敬而远之。但紫砂壶素朴、自然、含蓄的特质符合文士的审美情趣，文士自愿与紫砂壶为伴，题壶镌铭，托物言志，使文士与艺人默契配合到一起，即所谓"志于道，据于德，依于仁，游于艺"①。同样，紫砂壶艺名家的娴熟技法，依托于文人士大夫的参与，其作品更具强大的艺术感染力，内涵品质远高于平常的工艺紫砂。顾景舟大师在《紫砂陶史概论中》说："历史延续至清嘉庆、道光年间，也陆续出现许多骚人墨客热衷紫砂陶艺，最突出的要数当时的金石书画家陈鸿寿与砂艺作者杨彭年的结合……曼生壶'壶随字贵，字依壶传'。陈曼生在清代文学艺术各方面都有相当的地位，不可能粗制滥造。曼生之与彭年合作，可以说是一代艺缘，两人定有深厚的友谊在，当时砂艺超出彭年的别有人在，而曼生始终未与他人合作，不然砂艺史上兴许另有绝唱。"历来文人士大夫都是封建统治社会的中坚力量，是文化艺术的主创者与引领者。清代文人士大夫与名匠合作，是以文人墨客审美为主导、以名匠精湛技艺为基础的创作方式，由不同领域的精英集思广益、强强联手共同创作了大量优秀的作品，开拓了文人紫砂艺术的新视野。文士陈曼生和紫砂名家杨彭年合作的"曼生壶"，开创了文人紫砂的新纪元，并引导了后期子冶的石瓢、朱石梅的锡包紫砂壶等代表作的创作，启发了清光绪年间玉成窑文人紫砂的鼎盛发展。

民国年间，南海"百壶山馆"主人李景康、顺德"碧山壶馆"主人张虹合编的《阳羡砂壶图考》，是继《阳羡茗壶系》《阳羡名陶录》《茗壶图录》（日本紫砂藏家奥玄宝著）《宜兴陶器概要》后又一部系统论述宜兴紫砂的专著。书签由黄宾虹题写，叶恭绰作序。全书除对茗

---

① 《紫砂意象》，第102页，中国美术学院出版社出版。

壶名陶加以考证、补遗、增添外，重点为壶艺列传，为艺人列传，对文人雅士参与紫砂壶艺的社会风尚详加评述。该书《雅流》篇记述："文人胜事，偶尔寄兴，旁及壶艺，代有其人，兹就见闻所及，铨而次之名之，曰雅流，所以别乎以工也。"明确指出文人为紫砂壶器注入文化"雅流"后，已有别于一般的技工之作。书中提到以各种形式寄兴于紫砂陶艺创作的明清文士有赵宦光、项元汴、董其昌、陈继儒、潘允端、顾元庆、曹廉让、尤荫、郑板桥、陈鸿寿、郭频伽、朱坚、乔重禧、瞿应绍、邓奎、潘仕成、吴大澂、张之洞、胡公寿、端方等，共计53人。这些文士之所以喜好参与紫砂壶器的艺术创作，绝非徒然，随兴为之，而是因为宜兴紫砂可塑性强的特性，更适合各种茗壶的造型创作，紫砂素雅的质感适宜题诗镌铭，无论是具象写实还是抽象表意，紫砂均可以展现出文人士大夫不同寻常的艺术想象力和创作手法。李景康说："阳羡砂壶肇造于明代正德间，士夫赏其朴雅、嘉其制作，故自供春大彬以还，即见重艺林，视同珍玩。壶艺著述代有其人，盖前贤精神所寄，即国粹攸关良有以也。推原其故，约有数端：茗壶为日用必需之品，阳羡砂制，端宜瀹茗，无铜锡之败味、无金银之奢靡，而善蕴茗香，适于实用，一也；名工代出，探古搜奇或仿商周或摹汉魏、旁及花果、偶肖动物，咸匠心独运、韵致怡人，几案陈之，令人意远，二也；历代文人或撰壶铭、或书款识、或镌以花卉、或盖以印章，托物寓意，每见巧思，书法不群别饶韵格，离景德名瓷价逾钜万，然每出匠工之手向，鲜文翰可观，乏斯雅趣，三也。备斯三者，士夫之激赏岂徒然哉！"

明清文人托物言志形成的紫砂"雅流"产生了文人紫砂，经代代相传，文人紫砂在清代嘉庆年间和光绪年间得到中兴发扬和鼎盛发展，为紫砂壶器注入了一股文化艺术的清流。清中期曼生壶的产生，是文人壶风中兴的标志。名士结合名工，相得益彰，将紫砂创作导入一个新境界，给人们精神上和视觉上美的享受。《阳羡砂壶图考》雅流篇中关于曼生壶"陈鸿寿"的条目内容最详，是壶艺史上首次较全面地介绍、记录、评论陈曼生及其曼生壶。尽管个别论述与今人的研究考据稍有差次，但无妨其作为研究文人紫砂的参考文献。文人紫砂的文化特性主要体现在壶铭上，在曼生壶之前，壶铭内容并没有特定的要求，文人墨客大都信手写就。但曼生壶的壶铭和前贤有很大不同，除了具备人文气息外，壶铭文意及书法布局更切合壶型，切合茶事。该条目指出："明清两代名手制壶，每每择刻前人诗句而漫无鉴别，或切茶而不切壶、或茶与壶俱不切，予尝谓此等诗句，不如略去为妙。至于切定茗壶，并贴切壶形作铭者，实始于曼生。世之欣赏有由来矣。"曼生壶壶铭的创意天马行空、行云流水，具有一定的思想维度与精神高度。让诗文、书法、壶型在文人审美主导下合为一体，达到一种艺术高度，确立了文人紫砂的核心，令文人紫砂天趣横生。

二、中兴者陈曼生

文人紫砂发端于明末清初，以清初陈鸣远为代表，中兴于清代嘉庆年间，以陈曼生为翘楚。曼生公以文人士大夫身份亲身参与壶型设计、撰文题铭，是文人紫砂兴盛的主要倡导者，并影响了晚清光绪年间以梅调鼎为核心的玉成窑文人紫砂的鼎盛发展。清嘉道年间，陈曼生为官溧阳时，他比其他文士有更多的机会接触到紫砂陶艺，因而经常关注紫砂的制作，了解紫砂壶艺的风格，接近名工大匠，研究壶艺的传承和变迁，并常以自己的审美情趣、文化修养灌输和影响紫砂艺人。曼生公在亲身参与壶型设计和题写壶铭的同时，强调器型的自然神韵，重视书法的布局，讲究刻铭的刀法，形成风格独特的曼生壶。他设计的茗壶造型古朴大气、温厚素雅，取法自然，有天然之致。这种气息与文人的气质相呼应，得到文士阶层的普遍喜爱和青睐，是文士书斋不可或缺的美器雅物。曼生壶成为当时社会文化交流的一种时尚，文人紫砂由此兴起。

陈鸿寿，字子恭，号曼生，别署曼公、曼寿、恭寿、夹谷亭长、西湖画隐、西子湖上渔者、种榆仙馆、桑连理馆、阿曼陀室等。乾隆三十三年（1768）出生于浙江钱塘，卒于道光二年（1822）。嘉庆六年拔贡，历宰赣榆代知县、溧阳知县、江南海防同知。嘉庆五年（1800）前后，曼生三十三岁时，他曾随阮元公事于天台、嵊县、台州等地。据他族弟陈文述《从兄翼盒先生三十九岁像赞》记，曼生在阮元幕府有数年之久，他在这段时间的诗作中记述了在阮元馆中观赏所藏书画的内容，一代文宗阮元在金石书画方面的收藏鉴赏学养对曼生以后的艺术精进起到了关键作用。另据《溧阳县志》记载，陈曼生于嘉庆十六年（1811）三月二十九日上任溧阳知县，其后，他常与改琦、陈文述、郭频伽、江听香、汪鸿、高爽泉、查梅史等幕僚于"阿曼陀室"行文酒之会，谈论紫砂壶艺。两年后，他与郭频伽、汪鸿等幕僚绘制出二十式壶白描图《陶冶性灵》，又与制壶名手杨彭年合作，创制样壶，撰句题铭，作品融入自己的艺术情感和文化思想，后世专称"曼生壶"，为文人紫砂中兴之作。上海博物馆藏陈曼生《设色花卉册》画册，其中《壶菊图》题识："杨君彭年制茗壶，得龚、时遗法，而余又爱壶，并有制壶之癖，终未能如此壶之精妙者，图之似俟同好之赏。"即记述了曼生对杨彭年壶艺的赞赏和二人合制曼生壶之事。陈曼生对朋友、艺人极为友善，交友时胸怀坦荡，气度宽广。他在诗中写道："握手多故人，曷勿倾肝胆。"幕僚郭麐说他"扶植气类，宏奖后进，使各成其材以备世用，又其量足以容受大小，无所不周"。曼生所交的文友中有梁同书、梁宝绳、汪彤云、陈希濂、庐昌祚、孙恩沛诸君，艺友中也不乏篆刻名手，其中有钱塘印人高垲，绍兴印家官至知府的屠倬、妻弟高日濬等。陈曼生撰文题写的壶铭受益于寻学诸家。

陈曼生是"西泠八家"之一，他的诗文、书画、篆刻俱精，善画山水、花鸟和兰竹，书法作品结体奇特，金石气十足，尤其隶书清劲潇洒、穿插挪让，相映成趣。晚清金石学家杨守敬称赞其书法"行书峭括，而风骨高骞"。《墨林今话》中评述："曼生酷嗜摩崖碑版，行楷古雅有法度，篆刻得之款识为多，精严古宕，人莫能及。"清秦祖永《桐阴论画》记述："鸿寿诗文书画皆以姿胜，篆刻追秦汉，浙中人悉宗之，八分书尤简古超逸，脱尽恒蹊。"陈曼生不凡的书画篆刻艺术成就，是基于他独特的学问修养。他对壶艺的研究也独树一帜，崇尚砂质自然质朴，器型敦厚磊落，题铭情意真切，主题直抒胸臆。个中"乃见天趣"，是曼生壶最主要的特性，也是清中期文人紫砂中兴的标志。在"西泠八家"中虽以丁敬为最早，却以曼生最具个性，艺道涉猎广泛，造诣极高。正因为如此，曼生壶自问世后很快就享誉艺林并流传至今。

"阿曼陀室"室号历来争议不断，大致有三种不同的说法：一为陈曼生的室名；二为杨彭年的室名；三为陈曼生、杨彭年共享室名。《中国艺术家征略》一书中，文博专家、古文字学家郭若愚先生所著《篆刻史话》中提道："1956年间，从陈氏后裔流出一些青田石章，散在古玩市场，全无边款。我陆续收集到十八方，计有陈宝成的七方，闲句章三方，斋馆印四方，杂印二方，白玉印二方。陈宝成，字吕卿，号小曼，是陈鸿寿的儿子，这些印大都见郭有梅《种榆仙馆印谱》，可知均系曼生作品，其中"阿曼陀室"一印，赫然在焉。想不到这重公案，至此大白。"恩师海上金石书法篆刻名家童衍方先生也印证说："'阿曼陀室'此曼生印多见其法书中，后裔散出，若愚先生得之，共十八方，阿曼陀室赫然在焉，印为曼生自用无疑。"

确定正宗曼生壶，从时间来断定应为嘉庆十六年至二十一年（1811—1816）陈曼生主宰溧阳两任期间，他与宜兴制壶名匠杨彭年合作，创制的壶底落"阿曼陀室"款的紫砂壶作品，壶铭有陈曼生自撰自题，也有曼生铭幕僚书刻，还有幕僚自铭自题。曼生壶也包括同时期杨彭年所制，底款不是"阿曼陀室"，壶题曼生铭文，如曼生铭、彭年把款、香蘅（曼生之子陈宝成的斋名）底款。当然，曼生和杨彭年合作，底款"阿曼陀室"、把款"彭年"、壶铭署"曼生铭"或"曼生作铭"或"曼铭"应推为曼生壶之上品，如唐云先生旧藏有"曼生铭"、"彭年"把梢印款、"阿曼陀室"壶底款的合欢壶、井栏壶、石瓢壶等。

曼生壶是清中期文人士大夫追求朴素纯正见天趣、寄自娱自用于雅赏的文人紫砂中兴之作。彼时文人雅士嗜好闲适而寄情于壶，以坯作纸，以刀当笔，在紫砂壶器上写意、题铭、镌刻，集诗书刻于一体。以此借物寓意，抒发情怀，追求壶中天趣、人壶合一，从而使紫砂壶器具足文人的气息。清嘉庆曼生壶赫赫有名，清代民国一路有高仿品，但开门到代的曼生壶遗存不多。海派艺术大家、鉴赏收藏家唐云先生经一生收藏得有八把曼生壶，极其难得，故后由家人捐赠给国家，现藏于杭州西子湖畔唐云艺术馆。

曼生壶主要特点是古拙厚朴的壶型与天趣横生的壶铭、书法镌刻自然巧妙融合。曼生壶与鸣远壶两者诗文书法镌刻的根本区别在于，鸣远是以紫砂巨匠的身份，以一人之力将紫砂造型结合铭文书法镌刻，用巧夺天工的技法表现各式繁简各异的造型，书法镌刻是为塑造器型做陪衬装饰。曼生壶是曼公以文人士大夫的身份与制壶名家杨彭年合作完成，并以曼生为主导地位，诗文、书法结合造型，以诗文书法镌刻成为壶型的灵魂。两者对铭文书法镌刻定位有所不同。如以陈鸣远本尊的作品从市场角度分析，有无书法铭刻市场价格差距都不会太大，因为陈鸣远作品核心的价值是其造型与技法等。曼生、杨彭年合作的曼生壶与杨彭年自己独立完成的同款茗壶，按市场价格估算相差会有十倍之多。曼生壶的核心价值是铭文、书法、镌刻，这体现出由文人士大夫参与所产生的文化与艺术的魅力。欲了解曼生壶首先要了解这些文化背景和艺术内涵，尽力站在彼时文人的思想、审美角度，而非仅仅关注工匠之技法。常言道，字如其人，壶亦如此。文人壶散发出的就是文人士大夫的思想和审美。上手仔细拜观曼生壶的造型、铭文、书法、镌刻后，可总结出曼生壶创作的大致规律：重视泥料及砂质的调配，根据不同的壶型、容量及审美爱好调配泥料砂质，目数较粗、砂粒丰富饱满，并考虑壶坯用刀镌刻时的感觉和烧成后皮壳古朴自然的质感；器型创意讲究泡茶实用、考虑书法布局合理，造型简练、主题显然，整体大气古拙；线条变化自然有规律，刚柔有力，特别是壶嘴与壶把的线条力量感比较明显，各部比例中规中矩偏稳重；诗文切壶切茶，精妙入神、意境深远；书法镌刻布局自然合体，刀法娴熟明快、刀刻硬朗，有印石篆刻之金石味。总之壶型与铭文书法意境相投、浑然一体，自然流露出安静古雅、坚挺厚拙之气。唐云先生旧藏的曼生公提梁石瓢、井栏壶、石瓢、扁壶、合欢壶等可作为曼生壶的标准器，是艺术研究和鉴赏比对的准绳。文人紫砂让后人最难摹仿的是气韵，其次是铭文书法、镌刻与造型。所谓相由心生，壶"相"也是由人心而生，壶形是文人的艺术修养，壶铭是文人的文化底蕴。例如，井栏壶铭"汲井匪深，挈瓶匪小。式饮庶几，永以为好。曼生铭"，石瓢提梁壶铭"煮白石泛绿云，一瓢细酌邀桐君。曼铭"，书法镌刻效果最具笔墨韵味。曼生壶是以书法铭文为主，民国上海收藏家、合肥龚心钊收藏有各式砂壶，其中一壶盒盖内题文："汪鸿，字廷年，一字小迂。休宁人，客陈曼生幕，工铁笔，谓镂刻惟金器最难，必三四修改，始能成一画，以性过柔也。宜兴砂壶不能刻山水，虽摹古人画本亦不佳，皆经验有得之言。"

凡说曼生壶，都会提"曼生十八式"，其实曼生壶造型颇多，此说源自清代徐康的《前尘梦影录》一书中"并画十八壶式与之（杨彭年）"之说。传世见有唐云先生收藏的清嘉道年间山阴朱石梅摹曼生壶谱的《陶冶性灵》，壶谱中有曼生茗壶二十品白描图，最早画本为汪小迂的白描勾绘。壶图旁题壶名及铭文，封面为郭频伽题签。台北紫砂学者黄健亮说："近年各家研究已厘清此仅量化泛称，数量虽无定数，但曼生以其学养、品位设计壶式确是不虚。"从传世资料与存世实物了解，曼生参与设计的壶型除《陶冶性灵》手稿的二十品，还有：半瓦壶、石瓢壶、提梁石瓢壶、半瓜壶、柱础壶、井栏壶、飞鸿延年壶、扁石壶、笠荫壶等。陈曼生是清中期文人以壶寄情、以壶养德就闲的代表，是文人紫砂壶艺术创作的里程碑式人物。传世《陶冶性灵》的曼生壶铭有：

（一）石铫：铫之制，抟之工。自我作，非周種。

（二）飞鸿延年壶：鸿渐于磐，饮食衎衎。是为桑苎翁之器，垂名不刊。

（三）合斗壶：北斗高，南斗下，银河泻，阑干挂。

（四）古春：春何供，供茶事。谁云者，两丫髻。

（五）横云：此云之腴，餐之不癯，列仙之儒。

（六）却月：月盈则亏，置之座隅，以我为规。

（七）合欢壶：蠲忿去渴，眉寿无割。

（八）圆珠：如瓜镇心，以涤烦襟。

（九）汲直：苦而旨，直其体，公孙丞相甘如醴。

（十）匏壶：饮之吉，匏瓜无匹。

（十一）饮虹：光熊熊，气若虹。朝阊阖，乘清风。

（十二）百衲：勿轻短褐，其中有物，倾之活活。

（十三）春胜：宜春日，强饮吉。

（十四）乳鼎壶：乳泉霏雪，沁我吟颊。

（十五）天鸡壶：天鸡鸣，宝露盈。

（十六）镜瓦：鉴取水，瓦承泽。泉源源，润无极。

（十七）棋奁：帘深月回，敲棋斗茗，器无差等。

（十八）方壶：内清明，外直方，吾与尔偕藏。

（十九）乳鼎：洞寻玉女餐石乳，颜色不衰如婴儿。

（二十）胡（葫）庐（芦）：作胡芦画，悦亲戚之情话。

清 嘉庆 曼生合欢壶铭文细节

清　嘉庆　曼生合欢壶壶底细节

第二章 ◎

文人紫砂巅峰——玉成窑

第一节 玉成窑的概述

　　玉成窑是清代光绪年间创建于浙江甬上专事烧制文人紫砂的窑口。文人紫砂发端于明末清初，中兴于清中期，兴盛于晚清，玉成窑是文人紫砂的巅峰。窑址位于今天的宁波千年古镇慈城，慈城古县城是江南地区唯一保存较为完整的古城，享有"江南第一古县城"的美誉，面积约2.17平方公里，史称"勾余""勾章"。清光绪年间县志记载：慈城县衙创建于唐开元二十六年（738），是由唐代名臣房玄龄之孙房琯所建，延续至1954年，历经1200余年，其间均为慈溪县治。明永乐十六（1418）慈溪县令失县印，请示于朝廷，诏令重铸新印，改溪字从谷，名为"慈谿"，后来还产生了许多诸如"慈水""溪上""孝溪"等别称和俗称。古县城内保留有唐代的街巷格局，存有书院、藏书楼、药铺、庙宇、考棚、孔庙、县衙、官宦宅地和陌巷民居等传统建筑。历史上慈城文化荟萃，人才辈出，曾出过5位状元、1位榜眼、3位探花、519名进士。玉成窑核心人物梅调鼎先生早年一直在慈城居住，曾住在慈城小西门五马桥，中年后在慈城南门陈家桥狮子门头。彼时宁波富庶繁荣，文风鼎盛，墨客云集，附庸风雅的富人亦比比皆是，玉成窑筑造于慈城应与地理、人文、环境、友人资助等不无缘故，而文人紫砂的兴盛更有赖于文人团体的兴起和积极参与。

　　玉成窑的原址据传在慈城林家后花园的一隅之地，为一馒头形圆窑。在遗存的玉成窑传世作品如博浪椎、钟式、瓜娄等紫砂壶，文房器件紫砂香炉等砂器上，底款均落有"林园"圆章或方章。在梅调鼎诗集《注韩室诗存》中有关于林园的《林园秋海棠歌》《林园白槿花》

晚清 陈山农摹刻汉镜楠木盒

晚清 玉成窑王东石制陈山农摹刻紫砂砚（鄡淞阁藏）

两首诗，虽未提到窑口，但描写了林家后园的情景。20世纪末，宁波天一阁原馆长虞浩旭先生，宁波市钱币学会创始人之一、钱币收藏家罗丰年先生（1921—2011）等学者曾多次探访查考过玉成窑窑址实地。罗丰年先生在1997年8月21日的宁波晚报上发表过《梅调鼎与玉成窑》一文，他生前热心联络海内外慈城籍人士，致力于研究和发掘宁波地方文化。罗老先生说过，他以前烧过窑缸，对窑有所了解。玉成窑位于林家后花园，年轻时他和林家后人有过游玩交往，曾亲睹旧窑风貌，还进入窑内玩过，证实玉成窑为一座馒头形小型圆窑，新中国成立前尚存遗迹，新中国成立后原址被改造为国营粮机厂，现为闲置厂房。然而一家之言尚不足以成为史料，还有待不断研究考证。

明清时期紫砂制器日盛，造型纷繁巧妙，变化万千，所谓"方非一式，圆不一相"，体态各异，风韵无限。种类大致可分为工匠日用紫砂，名家工艺紫砂，宫廷专用紫砂以及文人紫砂等。就器型而言，造型有复杂繁缛也有简约素朴，形制有精致细巧也有粗犷硬拙，铭刻有浅显市井也有文气古雅，通俗与典雅并存，各有特长，各有所好。其中文人紫砂的产生使工艺紫砂得到了极大的升华，成为文人墨客艺术创作的一种特殊载体。

明清以来有些传世的紫砂器虽然从造型来看简约素朴、气韵秀美，但并不属于文人紫砂的范畴。文人紫砂必须和文人墨客产生过一定的关系，简素质朴，透出温文儒雅的书卷气，且具备天趣横生、美在自然、闲适不迁的文化特性。中国历代文人是一个对社会有抱负、对文化有思想、对奢靡有品格、对淫威有气节的文化群体，他们在艺术创作中往往会融进读书人心胸旷达、志趣高雅、识见超群的品质，会将自身的文学修养、艺术审美和生活情趣，用代表他们身份的诗、书、画等形式展现出来，所谓无诗无以言志，无书无以寄情，无画无以至雅。玉成窑文人紫砂是指由清末江南的文人墨客直接参与设计、题铭、镌刻并与紫砂名匠共同创作完成的紫砂器。作品分茗壶、文房、摆

晚清 玉成窑赧翁铭韵石
制钟式壶 底款"林园"
（唐云旧藏）

晚清 玉成窑赧翁铭韵石制
瓜娄壶 底款"林园"（唐云
旧藏）

件三大类，其中茗壶是玉成窑文人紫砂的核心，具备"切题、切意、切茶"的艺术意境；文房和摆件具有写意、抒情的高雅书卷气质和风度。

玉成窑文人紫砂艺术首先追求的是内容与壶型的相切，"切器"是其第一要素，即紫砂的造型及气韵与镌刻的铭文内容或绘画主题相契合，画面架构、书体及字体大小须与整体相适应，书写镌刻的位置、字与字、行与行等布局关系须与器型相呼应，书法镌刻不落乖戾浮嚣之习。其次，玉成窑紫砂壶器传递的内容非常"切意"，壶、器铭文的内涵、图像画面的意境与砂器的主题相吻合，即铭文内涵、物象画图与壶器的气质和谐统一，交相辉映，从而天趣勃发，意味深长。艺术家们把自己的审美思想和生活情趣溢于物外，让人精神愉悦，玩味无穷，如器中有诗、诗生万象。其第三要素是内容与茶相交汇，即壶铭的"切茶"，玉成窑文人紫砂壶不仅满足了实用和上手赏玩带来的味觉、触觉、视觉上的享受，还能从书法铭文和绘画的内涵中感受到文人士大夫以茶悟道的追求和闲适情趣。

因此，玉成窑的核心是"切器、切意、切茶"的诗文和书画。例如，赧翁铭汉铎壶之铭文："以汉之铎，为今之壶。土既代金，茶当呼茶。"玉成窑瓜娄壶铭："生于棚，可以羹。制为壶，饮者卢。"文人紫砂雅玩亦同理，切器并切意，如胡公寿刻写赏石小水丞铭文为"勺水卷石"等，这些玉成窑经典壶器上的铭文，书法典雅，错落有致，布局合理，个性十足，一气呵成，十分耐看，铭文内容与器型主题十分吻合，巧妙地融为一体，有画龙点睛之效。取汉铎、瓜果之形，引以为壶，取法自然，自成方圆。以汉铎之寓，瓜果之意，生发出"茶当呼茶"和"饮者卢"的文化意趣，体现出文气、安静、秀雅的气息和实用把玩相融合的特点，这是玉成窑文人紫砂的特点。

在多件遗存的玉成窑古器上见钤有"玉成""玉成窑造"窑口印款。窑名取"玉成"，应是古贤取意于《说文》：玉，石之美者，有五

晚清　玉成窑造款山农刻铭花插

晚清 玉成窑造款东石制紫云斗

德（仁义礼智信），润泽以温，仁之方也。古人常喻君子品德美如玉璧，温润纯洁。当时以"玉成"命名窑口，是隐喻此窑烧制的紫砂器珍贵如玉，润泽温和，敦仁质朴。北宋张载在《西铭》中写道："富贵福泽，将厚吾之生也；贫贱忧戚，庸玉汝于成也。"南宋宁波籍著名学者王应麟《三字经》有"玉不琢，不成器"之句。做学问成大器，必须经过艰难困苦的磨炼，方能玉汝于成、以成大器。"玉成"也有成全、促成之意，大家各尽其长玉成美事。清朝末年甬上文人墨客云集，玉成窑紫砂器是他们心中理想的艺术创作之地，他们视在紫砂生坯上题铭作画镌刻为乐，内容丰富文雅、文辞精炼隽永、书法俊逸典雅、画面空灵简素、形式精美不俗、品类器型众多，直接参与紫砂创作的文人墨客群体人数众多，由此推动了玉成窑文人紫砂的鼎盛发展。因此，在当今学者的研究中，玉成窑不仅是一个简单烧制紫砂的窑口，也通指由当时的文人墨客、金石书画名家携同制壶名家、陶刻高手一起参与紫砂创作的文化艺术群体，是中国紫砂艺术发展史上一个重要标志。

第二节　玉成窑的特点

文人紫砂是以壶器为载体的诗意表达，是茶与壶的道法自然，是以"和为贵"的人生练就，是将灵魂注入壶中的艺术创新，是"字随壶传，壶以字贵"的文化传承，也是文人将人生审美寄托于壶的生命复活。

文人紫砂的代表人物，前有陈曼生后有梅调鼎。不同于传统工艺紫砂，文人紫砂集实用功能和人文、艺术价值"玉成"为一体，集"茶气"和"茶器"合二为一，是中国文人雅士最具宋韵气质的"文房宝物"。

文人紫砂的文化、艺术价值比普通工艺紫砂更高，这是因为文人紫砂相较于工艺紫砂更具书卷气，更具备一定的文化特性；相较于文人墨客自己的书法、绘画、篆刻等平面单体艺术的创作难度更大，更有挑战性。他们在紫砂创作时，必须先了解紫砂、懂得紫砂工艺，并参与紫砂器型设计、造型的成型、诗文题写及书、画、印等文化元素的布局和镌刻，将镌刻出的诗、书、画的意境与紫砂器的造型融为一体，使主题生发出天趣守真、浑然天成的艺术特性。实际上这是一种综合艺术的表现形式，是创作者综合艺术修养的体现，所创作的紫砂壶器的艺术价值自然不同于寻常作品。因而传世的曼生壶、子冶壶和

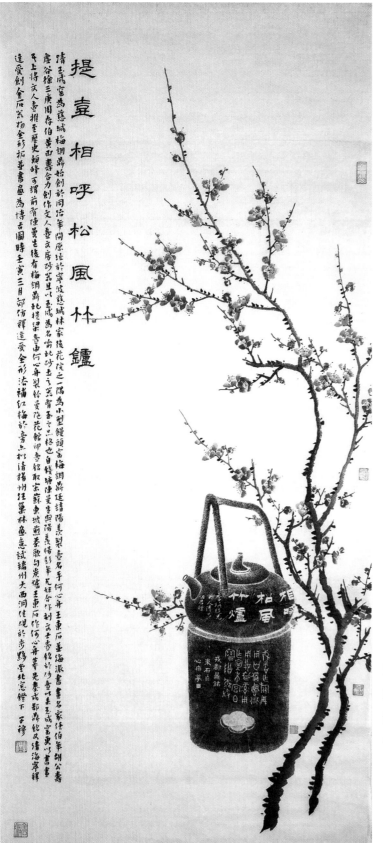

提壺相呼松風竹鑪

清王咸富為慈城梅調鼎始創於同治年間原住於寧波慈城家後花院之一隅為小型罐頭富梅調鼎延請陽羨製壺名手何心舟王東石董海派書畫名家任伯年胡公壽庵谷徐三庚周存伯黃巴壽合力創作文人壺文房砂茗壺以惠成為名尚此砂壺之美有壺之点格也自錢塘陳曼生開羨壺後有梅調鼎提梁壺由何心舟製銘取宋蘇東坡菊歌句廣陵王東石作何心舟篆先案戊鄧鼎銘又清海亭禪壺上将文人壺推至歷史巔峰可謂前有陳曼後有梅調鼎其提梁壺愛陀花館卯壺銘

蓬愛劍金石炭楊金形拓筆書畫為博古圖時壬寅三月鄾仿禪蓬愛全形添補紅梅於旁点抗清揚州汪巢林座慈瑞州大西洞佳硯於步野雲北窓鐙下 石穆

玉成窑佐君提梁壶、
东石作心舟摹紫砂
炭炉唐子穆初拓并
书画

玉成窑这些文人紫砂，通常来讲，其艺术创作难度要高于创作者一般的书、画和印，作品相对珍稀，受众群体也较大。

在当今玉成窑传世的壶与器中，有各式紫砂壶、花盆摆件、书斋文房雅玩等，较之曼生壶、子冶壶等历代文人紫砂品类更多。谛观这些玉成窑传世品，造型既精巧，雅趣横溢，文蕴又传神，质媲美玉，诗书画刻也更丰富，从而使文人紫砂艺术又跃升了一个高度。因此，玉成窑作为继曼生壶之后文人紫砂的巅峰。根据考证比较，大致可从三大特点去论述玉成窑为文人紫砂巅峰的原因。

一、品类众多造型丰富

据目前已发现的传世壶器的器身落款年号分析，玉成窑至今有近150年的历史，虽然烧造鼎盛期不长，但传世品类和数量最多，在中国紫砂史上鲜见。

这些传世壶器的器型隽美、款式丰富，有汉铎壶、汉钟壶、三足周盘壶、木铎壶、软耳碗莲壶、半月玉璧壶、半月五铢壶、博浪椎壶、瓜娄壶、秦权壶、柱础壶、匏瓜壶、软耳圆珠壶、汲直壶、椰瓢壶、横云壶、井栏壶、扁石壶、圆珠壶、大小石瓢壶、各式提梁壶等。尤其是文人书斋的各式各种文房雅玩及摆件，有水丞、笔洗、砚台、棋罐、水注、壁瓶、颜料碟、墨汁罐、印泥盒、画缸、鼻烟壶、高足盘、高足碗、高足杯、大烟锅及大小花盆赏瓶等，这些作品代表了玉成窑创作群体的审美水平和生活格调，对后人的艺术创作借鉴和提升影响深远。

古人讲究崇古尚物，先秦诸子百家的"崇古"思想对后世造成深远的影响。论书法拜学二王（王羲之、王献之父子），崇尚魏晋士大夫的豪迈自由、超游物外的精神意识和笔墨情怀；论绘画则复古宋元笔意，崇尚文人画中儒家的理想风格和道家的自由精神。哲人冯友兰先

晚清 玉成窑似鱼室主题东石制木铎壶

生曾说道："拯救人类的不在创新，而在复古。""古"不但体现在艺术作品中，也表现在生活意趣中。玉成窑的造型艺术可溯源至三代青铜器，也旁及自然界的瓜果植物等。以物象类居多，也有少些意象造型。物象来源于对古文化和生活的观察，借用实物为载体，比如青铜器之铎、钟、秦权，建筑中的柱础、井栏，自然界中的瓜果、椰壳，根据自己审美再艺术创作；意象表现为思想精神的追求或心灵向往的一种意境，如汲直壶、横云壶。这些玉成窑传世品种，造型各异，巧思独具，给我们呈现彼时文人所追求的那种随性自然、素雅高傲的艺术风格，为后人留下一座丰富的紫砂艺术经典宝库。紫砂创作中难度最大亦极难掌握的是造型，器身造型需要创作者以娴熟的技艺为基础，更需具备一定的思想学养、审美品位和创新能力，玉成窑传器具有这些品质，应是紫砂艺术创作中之翘楚。

玉成窑文人紫砂核心内涵是壶器上镌刻的铭文和书画，并通过质朴秀美的造型生发出一种天趣横生、以器载道，乃至道器合一的高雅艺术意境。造型创意是玉成窑文人紫砂创作的第一步，是文人墨客与匠人名手经过反复沟通达到的共识。造型是壶器的外在形象，决定了器物的品位，代表着文人和工匠的审美水准，是决定壶器艺术感染力强弱的最根本元素。参与玉成窑的文人和工匠都具备高超的艺术审美和娴熟的表现技能，两者取长补短默契合作，创造出众多不朽的传世作品。纵观玉成窑文人紫砂的造型，可谓玲珑秀雅，新意迭出，极具文人气质和艺术高度，创作的壶器品种在紫砂史上独树一帜，创作的经典器型难以逾越。紫砂造型创作历来是最难也最不易达到的艺术高度。众家制器的技艺技法通过长期勤学苦练，是可以达到熟能生巧的境地，然而造型创作不仅需要造物者极具智慧的创意思维和艺术天赋，更需要人生阅历、文化积累、审美眼力等综合素质，因此优秀传世的文人紫砂壶器，其造型一定是蕴含了文人的这些综合素质和巧匠的最高技艺。

欣赏玉成窑文人紫砂器首选是看造型，紫砂造型具有作者的个性风格，反映了作者的审美追求。作者通常通过艺术创作来表达自己细腻的艺术情感，把自己融入作品之中，这种艺术情感表达的愈真切到位，愈细腻透彻，我们的感受就会愈强烈，共鸣也愈深，对他们的艺术追求也愈明了。玉成窑传世作品优美的造型气质，是紫砂艺术史上的巅峰之作，每一件作品都饱含着造物者丰满的艺术情怀，是造物者的一个缩影，无论茗壶，还是文房雅玩、庭斋摆件等，器型不落俗套，别具一格，让后人品味无穷。

综观玉成窑文人紫砂的造型艺术，其中茗壶造型比较突出，大致可概述为以下四点。

晚清　玉成窑曼陀华馆款诗文东坡提梁壶（图左）　　晚清　玉成窑心舟摹刻东石制钟鼎

文紫砂炉（图左）　晚清　玉成窑赧翁铭韵石制柱础壶（图中）

晚清　玉成窑赧翁铭曼陀华馆款东坡提梁壶

晚清 玉成窑野梅庵主铭石林何氏款韵石制东坡提梁壶 造型细节

晚清　玉成窑公寿铭日岭山馆款
石瓢壶　壶底细节

晚清 玉成窑公寿写兰花
日岭山馆款瓦当文围棋罐
罐身细节

（一）真诚自然有天趣

玉成窑紫砂器做工精致，自然不造作，以"真"动人。《庄子·渔父》说："真者，精诚之至也，不精不诚，不能动人。"说的是做事的态度不专注不真诚，是不能够感动别人的。做好一件紫砂作品，首先要一心一意地真诚对待，古人言"字如其人、书为心画"。玉成窑所制各式茗壶，反映出创作者自身为人处世的态度，所谓壶品即人品，就是"壶如其人"，艺的最高境界就是德的修行。紫砂创作本身讲究心细手巧，道法自然，做好一件紫砂壶需要熟练的基本功，更需要作者眼到、手到、心到，即"心到神至"，心神是相通相契的。

玉成窑的两位大师级名匠何心舟先生和王东石先生，他们的技艺精湛娴熟，构思巧妙，固然是得益于自身的悟性，更在于自身具备的真诚。他俩所制作品各有千秋，上手他们的传世紫砂古器，慢慢地就会感受到他们真诚的工匠精神和审美品位。他们不追求壶器表面的过度精致而重视以妙传神、自然成器的手法，所谓"大巧如拙、道法自然，出天趣为器物"是审美的一种境界。一味过度追求精工精致，失去中庸之道，物极而必反，壶器会变得拘谨僵硬而了无生气，缺少了自然之韵，不耐看、不耐玩，正如曼生所言："凡诗文书法，不必十分到家，乃见天趣。"[①]传世玉成窑赧翁铭汉铎壶、玉成窑赧翁铭瓜娄壶、玉成窑赧翁铭东坡提梁壶等均突显出手法的自然妙生之趣。

传世的玉成窑紫砂壶平嵌盖和截盖者偏多，平嵌盖的特点是壶口与壶盖呈同一平面，与壶身融为一体，制作时是用同一泥片中切出，保持收缩一致，烧后呈自然平整吻合；截盖的特点是从整体壶身上部截取一段为壶盖，要求外形整体轮廓合缝，线条吻合流畅。汉铎、柱础、瓜形壶、博浪椎等为嵌盖，秦权、椰瓢、匏瓜等为截盖。由于当

---

① 《曼生遗韵》，序页，2010年5月，上海书店出版社出版。

时制作工具有限，又是柴窑一次性烧成，这些茗壶的制作工艺难度系数的确较高。如玉成窑椰瓢壶，以椰壳为创作原型。此壶有大小不等容量，有歪、直两种不同壶嘴之造型，民国藏书家朱赞卿捐赠给宁波天一阁博物院的五把玉成窑紫砂壶中，除赧翁铭东坡提梁壶、赧翁铭匏瓜壶、汲直壶（摹刻曼生铭）、横云壶，还有徐三庚铭歪嘴椰瓢壶，韵味独特，方便独享啜饮。这些壶器的造型都遵循一个法则，那就是雅致中见自然，自然中出气韵，丝毫没有矫揉造作，或过度夸张。

（二）匀称平衡见稳重

玉成窑紫砂壶主要由壶钮、壶盖、壶嘴、壶把、壶身和壶身镌刻的诗书画等元素组成，各元素经过能工巧匠巧妙地融合使壶达到平衡均匀，不显累赘和拖沓。紫砂壶造型创作讲究左右及重心的平衡，还有各部位大小、高矮、角度的比例匀称，造型的平衡匀称会给人在视觉上舒服感和安稳感。不平衡或不匀称或过度夸张，则会让人在视觉上产生突兀感、陌生感，最后被淘汰或修正。玉成窑紫砂壶制作表达出了造型的平衡匀称，首先考虑了造型的隽美与实用的合理性，玉成窑紫砂壶大都是为生活所用，对壶的实用性来讲，壶嘴出水流畅、断水利落，且根据壶型整体设计定壶嘴的样式。一般来讲，直或短的壶嘴天生出水较好，但要根据不同壶身、壶把等，设计相应的壶嘴，既要考虑实用，更要考虑造型的完善。造型的美观和实用是有舍有得，是需要中和处理的。其次玉成窑匠手对造型的平衡与匀称有独到的审美力，有的采用左右两边的平衡，就如天平秤，左右两边加同样的码保持平衡；有的采用左右不均匀的平衡，如手杆秤，根据杠杆原理，左边大秤盘和右边小秤砣的大小不同、重量不同，通过合适支点可得到平衡。

玉成窑紫砂壶的匀称和谐是充分考虑到了壶钮、壶盖、壶嘴、壶把、壶身、壶底、圈足、壶身装饰等元素之间的比例大小、厚重搭配关系的，这犹如人面孔上的嘴、鼻、眼、耳的比例须匀称合度，方见自然。玉成窑半月玉璧壶，壶身整体沉稳厚重、规正挺拔。壶嘴、壶把、壶钮所处壶身的位置、角度、距离都非常到位，整体架构比例协调，达到平衡。壶嘴相对壶身比例偏小，与壶把形成体积上的差别，与壶把造型上端的弧线走势一致形成平衡，壶嘴、把两边的差距使壶型产生力量感，因力量感而产生的壶型平衡及匀称，才经得起耐玩品味。玉成窑紫砂壶这种在反差的作用中形成的平衡匀称，犹如玉成窑的石瓢壶、柱础壶、椰瓢壶，它们的壶嘴短小有力度，端把略大偏厚润，高度与直径的关系，壶嘴和壶把、壶身的比例，均在反差中得到平衡匀称。同时，玉成窑的紫砂壶或者是厅堂花瓶、花盆、画缸，书斋文房用器雅玩，均讲究使用时的方便和舒适感，实用性极强。

（三）简约多变显灵动

紫砂造型就其外观而言，首先是点、线、面、体所构成的立体形态，即表现出的三维空间，能吸引我们视觉的是点、线、面、体相互配合产生的动感效果。玉成窑文人紫砂如同明式家具、明代铜炉，造型秀美文气，简洁素雅，特别讲究线条的运用与变化。眼睛所视为上下直线，手摸上去却是起伏含蓄的"S"线条，变化极为微妙；所视为平面，手摸上去却有微微下凹或有一点点的坡度；所视为圆形，摸上手却是椭圆。任何位置的点、线、面都在相互变化，让视觉达到一种灵动隽秀之感。玉成窑一些优美传世器物的线条走势或柔或劲、或快或慢，变化万千，无论何种线条，都有力感，点、线、面均同，气韵生动不息，耐人寻味。

明清时期的壶嘴出水孔一般均为独孔，玉成窑壶嘴安装的恰当位置是在壶身出水的重心点上，且从根部往嘴口逐渐收缩，线条沉稳有力，至嘴口稍做停顿向外微撇，又瞬间含住，让壶的整体气息顺着点、

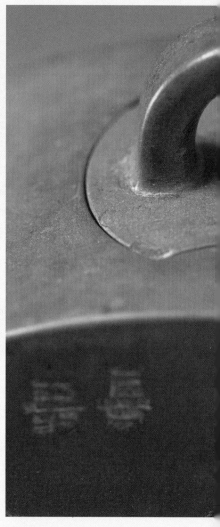

晚清　玉成窑心舟制并刻半月玉璧壶　壶嘴细节

晚清　玉成窑心舟制并刻半月玉
璧壶　盖钮细节

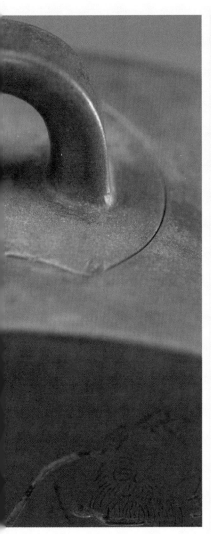

晚清 玉成窑心舟制并刻半月玉璧壶 壶把细节

线在壶的嘴口瞬间含住，犹如书法的藏锋，给人以含蓄沉着、浑厚凝重之感。壶嘴的设计也是根据壶身的造型线条来创作的，首先选定壶嘴的位置，再设计壶嘴样式，如汉铎壶、柱础壶、石瓢壶等，直嘴平口，暗接似锥形，短小有力，古朴可爱，长短粗细和线条的走势变化与壶身有序协同。玉成窑紫砂壶线条的处理，点、面的变化，延续了明代文人的审美风格，又具备古代青铜器浑厚端庄的特点，书法绘画与器身结合得自然天成，线条简约有变化，韵律起伏有节奏，张弛收放不凝滞，尤其注重细微处的变化转换。玉成窑紫砂造型的线条不仅局部能见点、线、面三者的细微变化，整体线条也是时快时慢，或轻或重，流畅不滞，连贯自然。玉成窑钟式壶，用简约弹性的流畅线条，阴阳虚实、粗细快慢的造型手法，创造出古朴典雅、厚重高古的审美格调。古代文人雅士通过艺术表现找寻和而不同的精神世界，传达自己的人生之道，其中对线条的变化和运用，是玉成窑文人紫砂与其他紫砂在外观上主要的区别，所谓"大道至简"，以简约为贵、以生拙为巧、以古朴为美、以天然为趣，是老子哲学为历代文人墨客所汲取的最重要的思想源泉之一。

（四）传神传韵尽其美

自古文人注重精神上的追求，在艺术创作中特别注重营造文雅的气韵。所谓文雅气韵，是指通过诗文与笔墨创造一种意境、一种格调、一种优雅和一种书卷气。高雅的文人亲身参与创作的作品，文心可见。玉成窑文人以诗书画的形式与紫砂造型通过镌刻完美融合，重塑"虚实相生"之道，庄子在"庖丁解牛"中提出的"道"进乎技，就是"道"超越了"技"，没有"道"的引领，"技"只是一种简单重复的劳作。玉成窑集中了诗文、书画、镌刻、印款、审美、创造等诸方面，超越了紫砂的技法意义而近乎"道"的境界，这是当时那些文人思想修为、审美情趣，追求道器合一的结晶。

晚清 玉成窑公寿铭日
岭山馆款石瓢壶 壶身
细节

　　一壶一器，烙上文人的思想情志后，实中含虚，虚中见实，由壶器相生出诗文，由诗文相生出意象，由意象相生出思想，壶器中的文雅真诚、个性情感、内涵气质等均流露于眼前。这是玉成窑文人紫砂创作的核心，是其"韵"之所在，是与匠人工艺紫砂的根本区别，是玉成窑成为文人紫砂巅峰的缘由，也是玉成窑文人紫砂的风骨神韵。北宋范温说："有余意之谓韵。"韵是美的"极致"，"凡事既尽其美，必有其韵；韵苟不胜，亦亡其美。"①玉成窑紫砂壶以型传神，以神传韵，其气质、个性、天趣自然流露，创作者的灵气、诗外之功使人肃然起敬。

①《美学讲稿》，第289页，2019年1月，上海世纪出版集团出版。

晚清 玉成窑东石制公寿写水丞细节

晚清 玉成窑赧翁铭曼陀华馆款的石制椰瓢壶 壶把细节

二、诗书画刻丰富多样

艺术是情感表达的方式，情感是通过艺术来呈现，多姿多彩的艺术表达手法是艺术家反复思考、不断揣摩、锲而不舍所追求的突破口。玉成窑文人紫砂常常以诗、书、画、印、刻五艺并举的艺术手法表现一个鲜明的主题，尤其以诗、书、画与壶型的不同搭配，生发出不同的艺术气韵，意象万千，天趣横生，也正因为如此，每一件作品所表达的艺术情感十分丰满。从存世各器的铭文内容看，艺术家表达的思想是茶饮与自然世事，茶饮与人生哲学，茶饮与人文历史，茶饮与读书修性等相关，铭文诗体简约自由，鲜用律诗，文辞直白易懂，读后或会心一乐，或发人深思，或感悟人生，或体会世事，或启迪睿智。其中最有生活情趣又有意境内涵的当属梅赧翁的原创铭文，又以梅赧翁原创诗文最具代表。

玉成窑铭文的书体较多，有行楷、隶书、金文等，这是得益于乾嘉至光绪末年青铜器、陶器、碑石、甲骨文等古物不断出土，其数量之多、年代之远，古人所不及见，使碑学帖学等高古书法被陆续推广传播。参与玉成窑创作的文人墨客敬仰先贤，大多喜好金文、秦砖汉瓦，在不少器身摹刻钟鼎文、瓦当纹、汉砖文，也有根据个人爱好摹刻前人郑板桥、李复堂、陈曼生等书法作品。浙东书法名家梅赧翁晚年受碑体影响，壶铭书法古拙朴厚、俊逸洒脱，是梅先生最成熟的书风，也是玉成窑最经典的书体。此外，还有任伯年、胡公寿、徐三庚、虚谷等名家的原创书法和绘画，丰富的器身绘画是玉成窑文人紫砂的特别表现手法，内容有栩栩如生的高士人物，有历代文人痴迷的赏石，有人称"四君子"的梅兰竹菊及自然界中的花草蔬果等，琳琅满目，天趣盎然。

清嘉道年间考据考证上的成就使得金石学范围又拓宽了很多，许

晚清 玉成窑赧翁铭曼陀华馆款韵石制柱础壶（唐云旧藏）

多文人士大夫追求以往先贤的风雅生活，喜好先秦文字，纷纷热衷于金石古书研究与复兴。参与玉成窑创作的文人墨客也不例外，各种铭文的镌刻都带有金石气息。玉成窑壶器镌刻常见以陈山农与何心舟为主，镌刻内容有周闲、虚谷、徐三庚、黄山寿等人的原创书画，或是摹刻前贤书画、钟鼎砖瓦等金石文字，他们镌刻的刀法都表现出情趣相得、精妙传神的陶刻特点。梅赧翁的壶铭是由陈山农镌刻完成，山农本身工篆刻又擅书法，见他的陶刻效果可知他对赧翁书法特点了解得相当透彻。他通过刀刻将赧翁壶铭书法的遒劲典雅、沉雄古拙、安静大气的风格准确地表达出来。书法篆刻名家徐三庚的壶铭书法，自然苍劲，高古浑穆，既善汉隶魏碑等多种书体，又精于金石文字，目前已发现存世开门的作品有八件，其中"阳羡王东石制似鱼室主题木铎壶"上的铭文镌刻，可品味到他书法笔意的宽挺爽辣和"曹衣出水，吴带当风"[1]的气韵。玉成窑绘刻最具个性、创意的是任伯年，他自绘自刻的作品有茗壶、各式文房、花瓶花盆等，题材有花卉、人物、赏石等。对于不同的画面题材，他可采用各种刀法完美地表达出一种造型准确、线条明快、情感丰富、高雅脱俗的个人画风。他的镌刻刀法自然多变，有双边挑砂法、双边清底法、推刀法、拉刀法等，每件作品刀法相兼，各有不同，从中可以感受到他的绘刻都是通过自身爱好和即兴随性表现出来的，而且特别讲究整体布局与线条的质感，画面中笔意、刀意一目了然。

玉成窑制壶造器基本是一气呵成，镌刻者需对壶器泥坯的干湿程度掌握得十分精准，壶面抑印时湿度刚好，印文清晰平整，镌刻时不会因泥坯过湿而翻边、过干而崩边，字口双边光滑不糙。了解玉成窑古代存器上的抑印效果、用刀方法和字口特点，以及工匠制壶造器的技法习惯、个人的审美情趣、使用的工具等要素，可对玉成窑古代存

---

① 《金罍野逸》，序页，2016年12月，上海书画出版社出版。

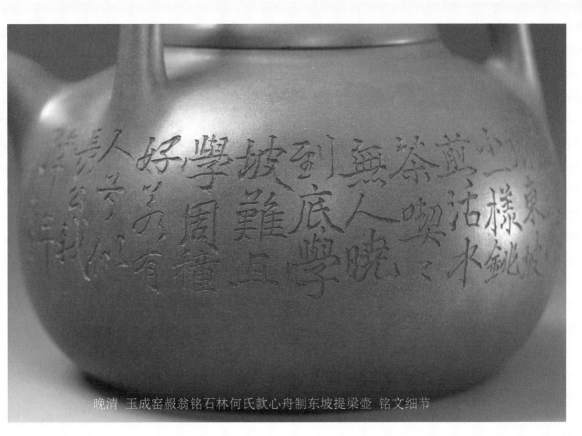

晚清 玉成窑赧翁铭石林何氏款心舟制东坡提梁壶 铭文细节

晚清 玉成窑艾农书心舟刻苦窳生作三足周盘壶 铭文细节

器的判别更加客观、公正和真实。玉成窑文人紫砂通常诗、书、画、刻、印并用，各项的表现手法和内容又精彩纷呈，这是其超越前贤的艺术表达方式，更确切地说，是彼时文人品格的一种象征，因而在紫砂文化史上占有十分重要的地位，其影响绵延至今仍余音频传，使千年紫砂生机盎然，雅俗共赏。

三、参与创作名家众多

紫砂文化经历明清时期的起起落落，至今仍然兴盛，这与历代文人雅士的积极参与息息相关。至嘉庆年间由陈曼生以文人身份亲自参与并有幕僚一起设计创作、撰文题铭，与紫砂名匠杨彭年合作制壶，文人紫砂由此兴起。紫砂界曾有这样的论述"千年紫砂，绵延至今；雅俗共赏，文化先行；前有陈曼生，后有梅调鼎"，这揭示了文人紫砂的传承与发展。

玉成窑文人紫砂一直以文人雅士的传统书法绘画题材作为主流，他们跌宕起伏的人生和丰富的生活阅历激发着创作灵感，他们知识渊博、修养深厚且有很强的自信心、自尊心，在艺术创作时得心应手、妙法迭出，寄情笔墨表达自我，展示人性的率真和艺术的至高境界。从存世古器考证，玉成窑参与创作的文人雅士众多，除核心人物梅调鼎，常见的名家有：任伯年、胡公寿、徐三庚、周闲、黄山寿、虚谷、陈山农、艾农等，制壶名手有何心舟和王东石两位先生，他们大多彼时身居艺林主流地位，他们的重要艺术成就，至今仍深受后世尊崇。这些文人墨客和名匠的艺术思想与审美情趣不仅表现在他们的作品之中，还表现在他们日常生活和兴趣爱好之中。他们在紫砂器上施展出的创作热情，更能反映他们的艺术才华和生活情趣，特别是创作器玩类作品，需要独有的闲情逸致、坦荡的胸怀、清逸的格调和足够的情感。文人紫砂是玩出来的，文人用器大多为文人墨客深情创作之物，往往更能突出文人雅士的性格和风骨。赏玩者借助自身文化修养、审美品位即可感受到件件壶器安静文雅之态，及由内而外自然散发出的一股书卷气，而这些壶器上极具"书卷气"的书法，是通过学识、学问才能达到的下笔无俗气的神化境界。我们判断文人紫砂艺术水平的等级，主要依据是壶器上的诗文、书画及造型，书卷气亦是文人紫砂的重要特点，是一般紫砂所不具备的，它来自艺术创作者的内涵和学养。玉成窑文人紫砂之所以天趣十足，意境丰富，情趣闲适，精巧自然，和这些文人的艺术思想、当时的社会背景、生活状态息息相关。

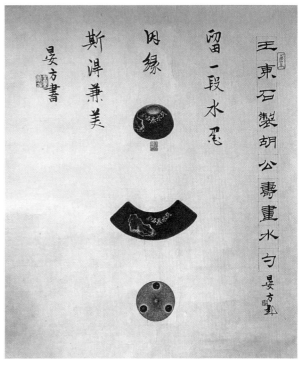

晚清 玉成窑公寿写"勺水卷石"东石制水丞拓片

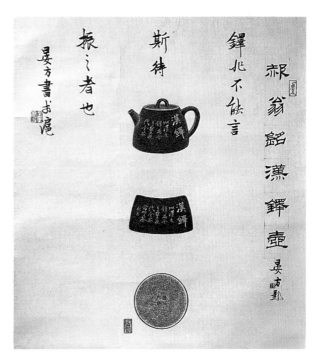

晚清 玉成窑赧翁铭曼陀华馆款韵石制汉铎壶拓片

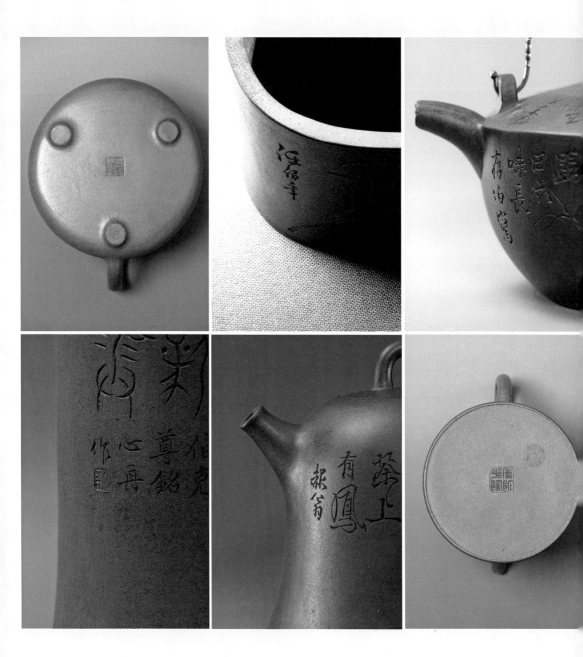

晚清 玉成窑名家用款

第三章 ◎ 玉成窑与文人墨客

宁波历史中出现过不少声望卓著的儒林名流，有虞世南、林逋、方孝孺、王阳明、朱舜水、黄宗羲、姚梅伯、梅调鼎、潘天寿、沙孟海等，可谓人才辈出，人文荟萃。至晚清时期，甬城与上海在经济文化上的联系越来越紧密，本埠的文人墨客与上海的高俊雅士相交甚密，并受到多元及个性化的海派文化影响。玉成窑文人紫砂的产生是得益于这些文人之间情感趣味的交流和对紫砂的热爱，他们从紫砂创作中获得艺术趣味，从器物中追求养素守朴、徜徉林泉的文人生活，以诗文和书画的形式表达出他们对精神生活的向往。当时，沪甬二地越来越多的文人墨客因玉成窑而相聚在一起，视紫砂创作为文人不可或缺的雅艺美事，把文人紫砂推向了历史巅峰。其中周闲、胡公寿、虚谷、徐三庚、梅调鼎、任伯年、黄山寿等艺林名家对紫砂艺术的热情追求让玉成窑自成一格，足以成为后人紫砂艺术创作的范式和永远的经典。

第一节　玉成窑核心人物梅调鼎

　　晚清诗人、书法家梅调鼎先生（1839—1906），字友竹，晚号赧翁，慈溪县孝中镇（现宁波慈城镇）人，早年考取秀才后不久，即增补为博士弟子员，后一直未能中举，中年后绝意仕进，以布衣终其一生。梅赧翁早年师从慈溪著名学者何松学习诗文，一生致力于诗书，被誉为"浙东书风第一人"①。

---

① 《慈溪书法》总第十六期，第24页，2017年，慈溪市书法家协会出版。

梅赧翁先生的书法与诗文，是典型江南文人的儒雅风格，他的诗文既直白易懂，又妙趣率真，他为人随和，品行端谨，心无俗尘，对权贵孤僻冷落，不与交集，虽有家国情怀，但愿于安贫乐道，是晚清时期一位极富个性的诗人和书法家。梅先生为生计曾当过私塾先生、账房先生。他书法温文尔雅，颇得艺友推崇，在甬城享有很高的知名度。

梅调鼎先生小像（唐子穆作）

综观梅调鼎一生的书法作品，他50岁前博采众家，书体面貌多变，善于吸收，功力深湛；50岁后致力于王书《圣教序》和褚遂良《枯树赋》，旁参陈奕禧，形成自己的独特的书体面貌，晚年又加入碑体的笔意，渐臻化境。他的优点是善于吸收学习诸家之长，书法潇洒流美，善用飞白，但他晚年也有结体绵柔的缺点[1]。

1930年出版的《四明清诗略续稿》卷四中引录同邑文史学家冯君木《回风堂脞记》对梅先生及书法的评论："吾邑梅友竹先生以书艺名浙东，用笔得古人不传之奥。尝客上海为某肆出纳册书眉，秀水沈蒙叔景修见而诧曰：'此何行笔势，今人乃有是耶？'先生于古人书，无所不学，少日颛致力于二王，中年以往，参酌南北，归于恬适，晚年益浑浑有拙致入化境矣。生平论书至苛，并世书家无一足当其盼睐者，顾于教诲后生，则恳恳靡有倦容，其言曰：用笔之妙，舍能圆能断外，

---

[1] 《慈溪书法》总第十六期，第44页，2017年，慈溪市书法家协会出版。

无他道也。一时称为造微之论。读书精审绝伦，凡六经中之奇词奥句、诘屈不可通者，经先生曼声讽诵，辄复怡然理顺。先生恒谓，读书万遍，其义自见。故其治经，不据传疏，一以涵泳咀味出之，属上属下，应断应连。其于句读之学，盖往往有创获云。性孤僻，视荐绅若仇寇，达官钜公，丐其书不得，或反从野老菱竖得之。同县惟与徐南晖杲、王缦云定祥、王瑶尊家振、何条卿其枚最善。先生殁后数年，条卿谋为先生置笔冢于梦墨峰下，而属余铭之，逡遁未果。瑶尊尝以先生遗诗一束见视，其诗喜为质直朴塞之言，平素服膺东坡，乃其所作多有类郑板桥者。朋曹颇张之，余未敢附和也。"

1943年秋出版的《赧翁集锦》，全书60页，共一册，是征集赧翁先生亲属及朋友、门生所藏精品选编而成的。原封面由赵叔椆题签，扉页为叶伯允写的《赧翁小传》及冯君木的题跋，钱吟莲写的黄庭坚《山谷梨花诗》殿后。此册为梅先生的书法集，幅式依次为条屏、壶铭、对联、扇页、题跋、墓志铭、横批等，书批以楷、行为主，每幅作品熠熠生辉，是梅赧翁一生的书法代表作。《赧翁集锦·赧翁小传》中写道："赧翁姓梅氏，讳调鼎，字友竹。先世自镇海迁慈溪，遂为慈溪人。翁生清道光十九年，幼凝神绝虑，究心八法，有天授焉。稍长，即补博士弟子员，会督学使者案临，以书法不中程，见黜，不得与省试。曰：'是尚可以屈我志耶'。遂终身不谋仕进。翁于古人书无所不学，少日致力二王，中年以往参酌南北，归于恬适，晚年益浑浑有拙致入化境矣。曾谓：用笔之妙，舍能圆能断，外无他道也。一时称为造微之论。性孤僻，遇达官钜公，避之惟恐浼。有丐其书者，恒不得，或反从野老菱竖得之。独与县人徐南晖杲、王缦云定祥、王瑶尊家振、胡茛庄炳藻、何条卿其枚最善。翁殁后，条卿至欲为笔冢而未果，亦可见遗迹之足贵已。翁卒于光绪三十二年，年六十七。其书品，乃风行于海内，书家至谓：三百年来所无。抑翁非仅以书法擅长也，人品卓然，逸民之列。其读经亦精审绝伦，凡六经之奇词奥句，经翁曼声

赧翁小傳

赧翁姓梅氏諱調鼎字友竹先世自鎮海遷慈谿遂為慈谿人翁生清道光十九年幼疑神絕應究心八法有天授焉卹補博士弟子員曾督學使者案臨以書法不中程見黜不得與省試曰是尚可以屈我志耶遂終身不謀仕進翁於古人書無所不學少日致力二王中年以往參酌南北歸於恬適晚年益渾渾有拙致入化境矣嘗謂用筆之妙舍能圓能斷外無他道也一時稱為造微之論性孤僻遇達官鉅公避之惟恐浼有巧宦者恆不得或反從野老茆簷覓得之獨與縣人徐南暉果王緱雲定祥王瑤家振胡莨莊炳藥何絛卿其枚最善翁歿後絛卿至欲為筆家而未果亦可見遺蹟之足貴已翁卒於光緒三十二年六十七其書品乃風行於海內書家真跡為之彙影而縣人秦潤卿徐文卿翁外孫洪承祓鄞趙叔孺朱積綱徐潤生力贊之亦以見不著也翁卒後吾縣人能書者率宗法之類有以取名於當世其後三十八年孝豐李光業集翁之奇詞奧句經曼聲諷誦怡然理順翁又能詩喜為質直朴塞之言此其餘事乃見掩於書名至謂三百年來所無抑非僅以書法擅長也人品卓然逸民之列其讀經亦精審絕倫凡六經德之終為之孤也

葉伯允曰余幼時耳翁名顧未親其丰采先學正公得翁贈聯嘗寶之余友錢君太希有翁之真傳以書名噪一時嘗謂翁平居閉戶日以大筆懸腕作小楷書百字故所書無不宛轉如志此或其不傳之秘歟斷輪之術得錢君而益信可以名世矣

邑後學葉伯允拜撰

梅赧翁書其用筆之妙近世書家殆無有能及之者清代書家當推劉文清然以較梅先生正復有逕庭之判餘子碌碌更無足數矣特梅先生孤僻冷落不屑與士大夫通問訊聲名寂寥自甘埋沒百世而下坐令鐵保梁同書輩流譽書林此可為累欷者爾士林不平至多豈獨書法

馮開

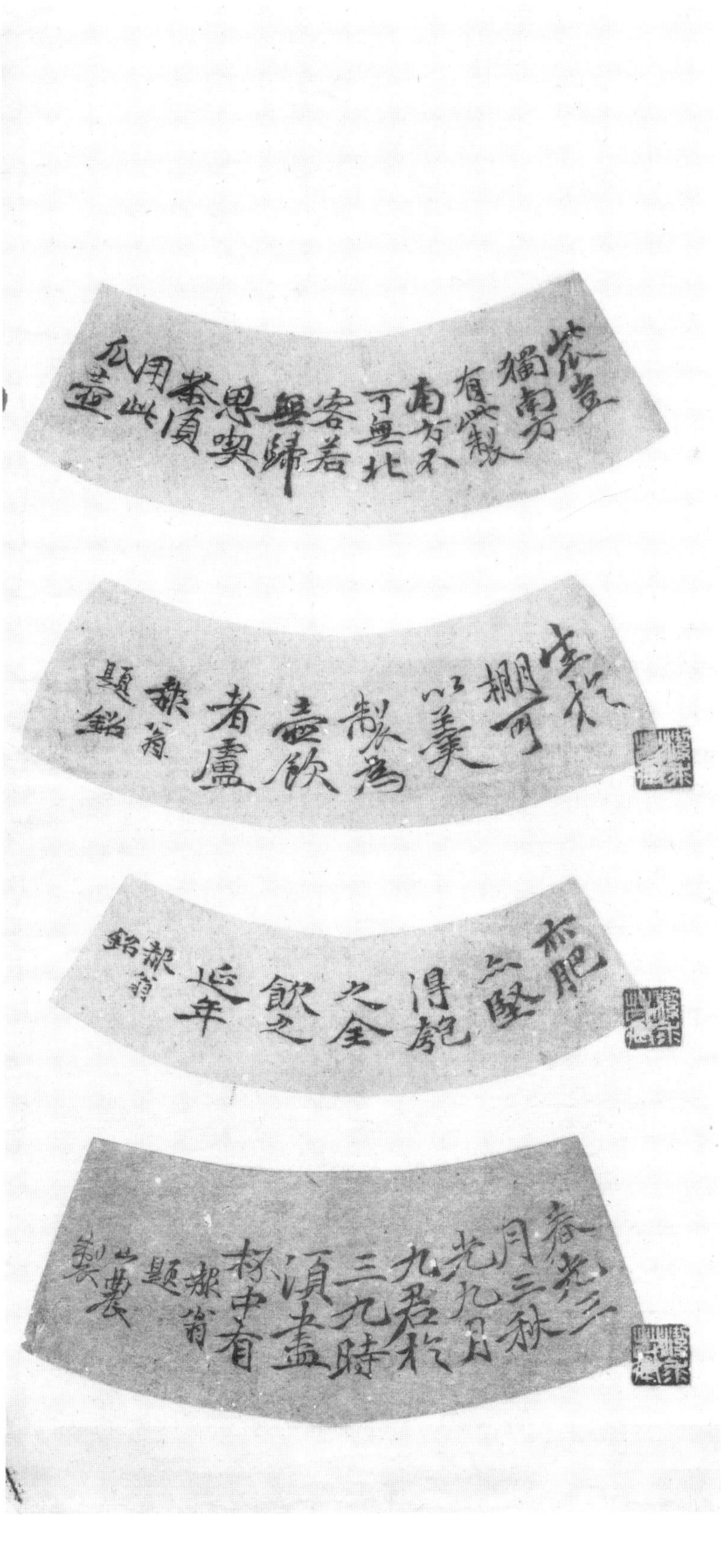

民国版《赧翁集锦·壶铭》

梅调鼎书法扇面

讽诵，怡然理顺。翁又能诗，喜为质直朴塞之言。此其馀事，乃见掩于书名，不着也。翁卒后，吾县人能书者，率宗法之，类有以取名于当世。其后三十八年，孝丰李光业集翁真迹为之汇影，而县人秦润卿、徐文卿、翁外孙洪承被、鄞赵叔孺、朱积纲、徐润生力赞之，亦以见德之终不孤也。"冯君木在《赧翁集锦》跋文中写道："梅赧翁书，其用笔之妙，近世书家殆无有能及之者。清代书家当推刘文清，然较之梅先生，正复有径庭之判。余子碌碌，更无足数矣。特梅先生孤僻冷落，不屑与士径大夫通问讯，声名寂寥自甘埋没。"叶伯允在《赧翁小传》中说："余幼时，耳翁名，顾未亲其丰采，先学正公得翁赠联，尝宝之。余友钱君太希，得翁之真传，以书名噪一时。尝谓翁平居闭户，日以大笔悬腕作小楷书百字，故所书无不宛转如志。此或其不传之秘欤。斫轮之术，得钱君而益信可以名世矣。邑后学叶伯允拜撰。"

当代书坛泰斗沙孟海曾在《东方杂志》第二七卷第二号（1930年1月25日出版）发表过《近三百年的书学》一文，其中列举了二王（王羲之、王献之）帖学代表人物八人，分别为董其昌、王铎、姜宸英、张照、刘墉、姚鼐、翁方纲、梅调鼎。对梅赧翁的评价："梅调鼎不很著名，只有上海、宁波一方面的人知道他。他是个山林隐士，脾气古怪，不肯随便替人家写字，尤其是达官贵人，是他所最厌忌的。因此，他在当时，名誉不大，到现在，他的作品流传也不多，说到他的作品的价值，不但当时没有人和他抗衡，怕清代二百六十年中也没有这样高逸的作品呢！郑苏堪先生曾经称赞过他，说是二百年来所无。他的书法，以二王为主，旁的无所不看，无所不写。因贫寒，搜集些儿碑帖，要比别人艰难十倍。他对于《王圣教》，功夫最深，其次，法帖里面的另简短札，随时随地流露古人的真意，反比冠冕堂皇的《兰亭》《乐毅论》等好得多。初唐诸家，最得二王散髦斜簪的好处的，还是太宗的《温泉铭》，梅字的路数，和这一体很相近，大约他借径于此罢。"文人雅士自古酷爱读书，吟诗作画时常以饮茶伴读。清代的江南文士尤其喜欢用紫砂壶泡当地的各种绿茶，金石丝竹、闲庭信步，三两道友雅集聚游，紫砂配以绿茶，一个古朴温润，一位清鲜艳爽，色香味俱佳，可谓相得益彰。梅先生或许为饮茶之喜好增加乐趣，或许为诗书之情趣添加新意，或许为以砂壶之艺道迎朋会友，在这些因缘机遇的巧合下，梅先生参与玉成窑紫砂的设计，亲力至致撰文题铭，由紫砂名家何心舟制壶、篆刻家陈山农镌刻。又有任伯年、胡公寿、徐三庚、虚谷、周闲等书画名家参与作书作画、与宜兴制壶名手王东石共同合作，各尽其长，使甬上玉成窑的文人紫砂名赫一时，达到巅峰。宁波籍书法篆刻家邓散木曾在1957年7月30日上海《新民报》晚刊深入详谈梅调鼎书法的技法和特点："他的书法，以二王为师，其他晋唐名迹，也无所不参，无所不学。他用力最深的是王'圣教'、褚的'枯树赋'，唐太宗的'温泉铭'，但并不依旁王、褚门户，而独来独往，自成一家。"

梅赧翁先生书文俱佳，满腹经纶，他的书名一直掩盖了他的诗名。他的诗作有《注韩室诗存》，还有《赧翁集锦》《梅赧翁手书山谷梅（梨）花诗真迹》刊印本。1933年10月出版的《注韩室诗存》，共32页，一册。此诗册由鄞县张颐、慈溪方能光校刊，共录70余首。张颐题耑

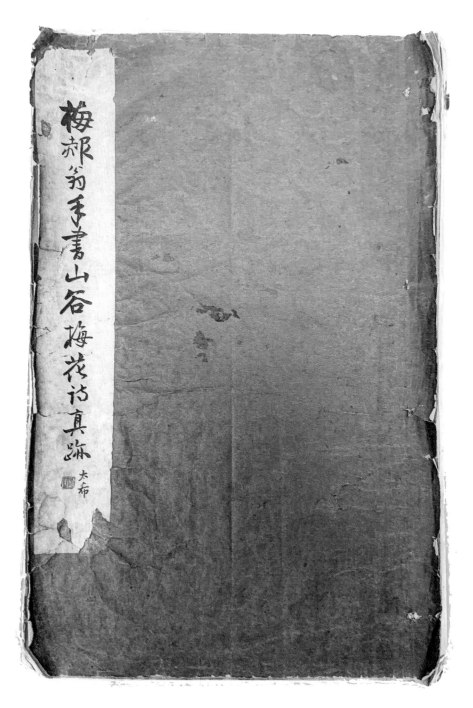

民国版《梅赧翁手书山谷梅（梨）花诗真迹》书封

梅郝翁手書山谷梅花詩真蹟

玉樹亭亭兩度逢昔當年莫同
阿誰栽春深雪鎖瓊枝上端為
東君雨後開翠舍寒雲舞
嬌姿一種清標自出奇香淺雲
庭翻紫燕打教胡蝶引覘時上

戎日匆著思情日曲生難然揆景傷

時不能足遶步韻如吾山谷道

人黄庭堅識乃樂莊帖書為

鑒蓮世講屬　梅調鼎

民国版《梅赧翁手书山谷梅（梨）花诗真迹》

并作序："慈溪梅友竹先生，端人也。忆四十五年前，晤先生于郡中贯桥书肆，为余书扇头，书名刺，和蔼之气，如在目前，因慕先生书法，想象其为人，至今不衰。今年夏六月，祖涵方君过寒斋，出先生诗稿示余曰：'此残本也。曩藏胞伯味琴明经处，原稿乃先生手钞，为某匿而不还，诗不止此也。'余闻之长叹息，挥汗披览，删其冗而汰其非诗者，得诗百余首，与祖涵亟谋刊印，不逾月而告成，先生之诗传矣。读先生之诗，先生之为人亦传矣。若夫先生之书法流传人间，知与不知，佥曰：梅先生之书，古人之书也，无俟赘言。"

冯君木在《回风堂脞记》中评论道："（赦翁）读书精审绝伦，凡六经中之奇词奥句、诘屈不可通者，经先生曼声讽诵，辄复怡然理顺。先生恒谓，读书万遍，其义自见。故其治经，不据传疏，一以涵泳咀味出之，属上属下，应断应连。其于句读之学，盖往往有创获云。"梅赦翁先生一生布衣处世，他的诗雅趣独特，充满文人情怀，在《注韩室诗存》辑录的诗中，大部分诗文透出质朴通俗，率真随性，冲和妙美的特点。例如下面的诗，词义既直白易懂又充满书卷气。

林园秋海棠歌

我乘兴为荷花来，荷花明年六月开。

荷花池上空徘徊，小院寂寂闭苍苔。

秋海棠花开矣哉，犹如好女心尚孩。

天真烂漫无所怀，见人面赤头不抬。

绿衣衣兮新翦裁，亭亭弱质谁为陪。

鸡冠凤仙何人栽，环而拱之相倚捱。

好色之人古所哀，好不旋踵变祸灾。

何如好花无点埃，此花颜色花中魁。

如笑若语心魂摧，相亲相近无嫌猜。

况我老矣又于思。

题陈山农独立岩下小像

畸人非佳人，亦遗世独立。

顾影固无俦，逢人肯作揖。

当暑不挥扇，遇雨岂戴笠。

天性乐岩栖，眼界陋城邑。

画图愿已偿，卜筑恐未必。

一从东海归，惊见初出日。

了知天宇大，折节穷小术。

胸中磊块多，有奇吐不出。

世人但皮相，云伊工铁笔。

谁知铁笔工，仿佛秦汉刻。

迩来事小园，众芳听甲乙。

自号曰山农，何曾辨菽麦。

晨　　起

夜卧不能迟，晨起常苦早。

家人在梦中，庭前弄花草。

今日忽不乐，何事伤怀抱。

花草迭番新，我身只能老。

德业两惘然，诗文无一好，

一日寿命尽，身后不及豹。

古来贤达人，千载常皎皎，

我亦天地灵，勉强不从小。

家人呼饭熟，欣然得一饱。

晚清 玉成窑赧翁铭韵石制石铫提梁壶（天一阁博物院藏）

晚清 玉成窑赧翁铭韵石制匏瓜壶（天一阁博物院藏）

梅赧翁先生虽被后人誉为"三百年来所无"①"清代王羲之"②的书法名家，但赧翁先生一生中，最让后辈敬仰的是因情痴紫砂文化而投身创作的玉成窑，想必赧翁先生自己也不曾想到，他与紫砂的这段情缘，竟成了千古绝唱，享誉后世，传世的作品被当代世人珍若拱璧。梅赧翁先生传世的除了各式紫砂壶外，尚有一些书法真迹和壶铭稿本。梅先生以"赧翁"题铭之壶被公认为玉成窑之上品，赧翁铭各式紫砂壶代表了玉成窑的核心思想和审美品位。推断梅调鼎先生何时开始亲身参与玉成窑，从传世品及资料显示，梅调鼎应在玉成窑壶身上的铭文落款"赧翁"为标志。他的同乡挚友清末举人一代儒医胡炳藻（1862—1942）在札记记述："光绪二十二年（1896）七月二十二日夕：……老梅自号无近居士，又号赧翁。"因此，从他的铭文落款推断分析，梅先生参与玉成窑紫砂壶题铭创作应为晚年59岁左右，"赧翁"乃为紫砂创作取的自谦之号。

梅先生在玉成窑砂器上的书法题铭，足见北碑之沉雄和晋唐之高逸，已和他早年及中年的书体有较大不同。邓散木先生在《梅调鼎》文章中说："晚年专用方笔写北碑，出入《张猛龙》《崔敬邕》及《龙门造像》之间，一变而为沉雄古拙，剽悍逼人。"梅赧翁先生书法一直是以帖学为基础，博采兼综，晚年尊碑勤临，因此他题铭玉成窑砂器的书法，既出自己意，又融入碑体，书风古拙典雅、飘逸洒脱，堪称成玉成窑一家之面貌。他在砂器上的题铭布局错落有致，神韵超乎其表，一气呵成；用笔软中有刚，顿挫分明，体态之雅无可比拟，这是他立足于帖又致力于碑，大胆尝试的结果。书法与壶型器型自然天成，有珠联璧合，画龙点睛之感。

梅先生在玉成窑砂器上的题铭风格和《注韩室诗存》如出一辙，语句文辞直白无修饰，率性不虚，撰句下笔无俗气也无故作玄妙，却

---

① 《洪丕谟文选》下卷，第580页，中国文联出版社出版。

② 《洪丕谟文选》下卷，第578页，中国文联出版社出版。

又谐中有庄，使人读来亲切，虽谈不上俊逸跌宕，但全然出自本心，合乎本性，真是难能可贵，个中趣味和意境总是跃然于眼前，令人默默改变着自己的审美趣味和审美心理。《叔翁集锦》中有四页，收录了梅先生外孙洪洁求先生所藏叔翁铭壶稿共16则：

1.此瓜岂独南方有，此制南方不可无。北客若无归意，吃茶须用此瓜壶。

2.生于棚，可以羹。制为壶，饮者卢。叔翁题铭

3.亦肥亦坚，得匏之全，饮之延年。叔翁铭

4.春光三月三，秋光九月九，君于三九时，须尽杯中有。叔翁题，山农制

5.原物已归天上，遗风尚在人间。漫道区区茶具，今人忆煞坡仙。叔翁题，山农刻

6.美煞周種，石铫底赠东坡老，雅人谁造，千载犹完好。自入天家，遗制从图考，匠心巧，抟砂粗草，不让前贤妙。山农学制

7.茶经读罢，客从外来，寒夜无酒，斜封初开。

8.一瓯茶罢寻书读，开卷秦吞六国时。叔翁

9.月白风清良夜，心投意合主宾，九十百年容易，此情此景难频。

10.东坡石铫阳美陶，一瓯睡足日正高，优孟岂不孙叔教。叔翁题，山农刻

11.吾岂匏瓜，乃酒之家，为阳美人，而户于茶。叔翁题

12.椰椰子子，夺胎换骨，昔误人醉，今解人渴。叔翁

13.饮用匏，其乐陶。叔翁题

14.汉铎。以汉之铎，为今之壶，土既代金，茶当呼茶。叔翁

15.椰树子，紫沙胎。刘伶去，卢仝来。叔翁

16.酒令人昏，茶令人清，嗟嗟椰子醉乡人。叔翁题

另有洪洁求先生旧藏三件玉成窑上的题铭未排入《叔翁集锦》叔翁题壶铭：

1.飕飕欲作松风鸣，不是钟声，却是钟声。

2.一啜始知蔬圃乐，南风天气看瓜生。赧翁

3.汲得深清，烹以活火。东坡先生，俨然在座。赧翁题，山农刻

梅赧翁先生题写的玉成窑铭文，打破诗词格式陈规，多数以散文语气作铭，句式长短不一，少则三字，抒情达意，一气贯注，鲜活生动又有规律，无生涩玄突之风，在用韵上，亦随意自由，有随心所欲不逾矩之感。梅先生行文随性自由，是得之于内心的闲适从容，归于恬淡为上，胜而不美。试读铭文：

"生于棚，可以羹。制为壶，饮者卢。"

"茶经读罢，客从外来，寒夜无酒，斜封初开。"

"以钟范，为壶用，璧团茶，上有凤。"

"久晴何日语，问我我不语。请君一杯茶，柱础看君家。"

赧翁的铭文，有时也充满禅意，茶禅一味，意味深长。梅赧翁先生善于悟得生活之趣，享受精神生活的乐趣，表现出他"但尽凡心"的生活态度：

"飕飕欲作松风鸣，不是钟声，却是钟声。"

"山僧起，五更钟。我五更，竹炉红。"

"山寺钟，撞白云。壶隐钟，以茶闻。"

也有匹夫饮茶时，所表现出的家国情怀：

"铁为之，沙抟之，彼一时，此一时。"

"六国后，民易德。望仁义，如饥渴。"

"权有文，秦所遗。秦之政，譬如茶，不疗饥。"

梅赧翁先生当时所表现的心境，全然超越了自我因素与生活痕迹，是晚清暮落文人领悟人生哲理、焕发精神力量、委顺自然、纵浪大化的一种精神境界。诗书画印的完美结合是中国古代文人画的最高境界，而文人紫砂讲究的是造型艺术与诗文、书法、绘画、印款、镌刻的殊妙结合，达到自然天成，天趣妙出的艺术深度。文人紫砂因茶而生，

又超越一般工艺紫砂，是文人内涵、气质、风格的象征。玉成窑文人紫砂之所以"字随壶传，壶以字贵"而成为经典，与赧翁的壶铭书法和诗文密不可分。

附梅赧翁《注韩室诗存》诗词：

竹　　扇

携来轻与素纨同，儿辈惊看组织工。
莫道竹堪为秋扇，须知君子有遗风。

慈湖书院访友

步出北城外，意属书院中。
书院访何人，年少文坛雄。
读书会心处，各用向上功。
我年四十八，此心犹带童。
行过彩虹桥，顾盼湖西东。
便就师古亭，颓然卧春风。
忽忆我何来，扶杖起相从。
行行至宇下，寂寂无影踪。
惊心问都养，开言陪笑容。
不知何兴会，屡如鸟逃笼。
从知天下事，有始难为终。
我亦不自知，忽焉成老翁。
归来莫踌躇，普济寺晚钟。

月　　湖

月湖湖水碧琉璃，多少人家湖水西。
女伴朝朝湖水畔，三三五五湔晴漪。

林园白槿花

露冷风凄八月天，看花偶到槿篱边。

枝头一阵寒鸦过，黑得伤心白可怜。

百卉纷纷素已稀，斩新几朵旧苞篱。

问谁习静观朝菌，可有丰姿玉雪肥。

亦是朝荣暮落花，荣时何正落时差。

请君明日清晨看，素面犹能对晓霞。

红红白白阑干外，暮暮朝朝来去人。

为爱秋园一枝雪，寻常花样忽翻新。

温州游山

客路游山兴不同，未妨亲领永嘉风。

出城岩岫知多少，寻着穹碑拜谢公。

陈山农藏有铁画一扇，中有竹二枝，其一苦瓜绕之，因而有感，为赋四首

亭亭两株竹，一株苦瓜绕。

君看厌苦人，其术在自了。

从知天下人，苦者居其半。

君看两枝竹，一株无羁绊。

一株无羁绊，犹如快活人。

惟其自快活，人亦无一亲。

此竹岂苦竹，如何绕苦瓜。

苦与苦相怜，两家如一家。

第二节　梅调鼎壶铭真迹

　　梅赦翁后人、当代著名学者、书法家、书法理论家、华东政法学院古籍整理研究所教授洪丕谟先生家传旧藏其中一册是《周盉图及壶铭》，共三十四面，为后装本，均为梅赦翁先生为玉成窑撰文书铭的草稿，共九十七则，其中有大量修改与重复，内容转载于《慈溪书法》总第十七期：

《周盉》，此宁郡赵氏所藏，无铭，可作沙壶，亦新样也。

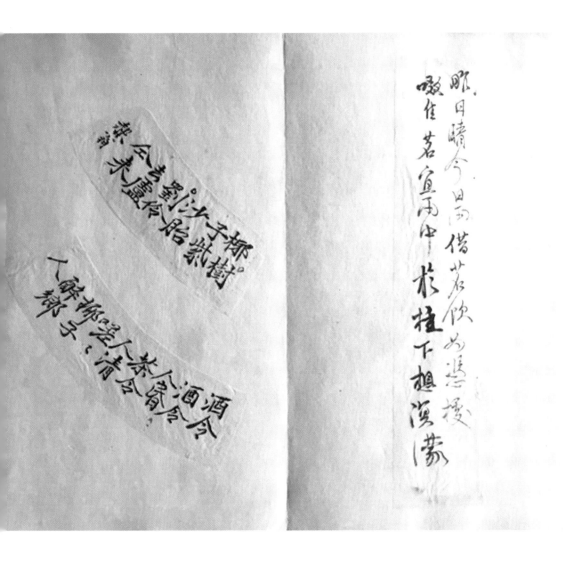

昨日晴，今日雨。借茗饮，为凭据。
啜佳茗，宜雨中。于柱下，想溟濛。
椰树子，紫沙胎。刘伶去，卢仝来。赧翁
酒令人昏，茶令人清，嗟嗟椰子醉乡人。

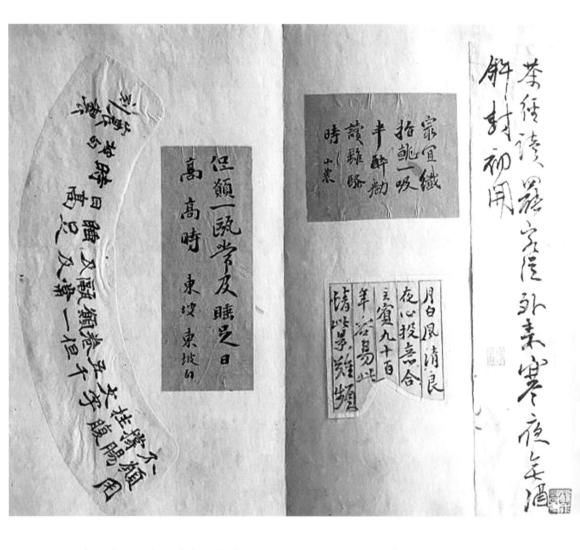

茶经读罢，客从外来。寒夜无酒，斜封初开。

最宜纤指就一吸，半醉倦读离骚时。山农

月白风清良夜，心投意合主宾。九十百年容易，此情此景难频。

但愿一瓯常及睡足日高高时　东坡句

不愿用撑肠挂腹文字五千卷，但愿一瓯常及及睡足日高时。

坡句，山农制、刻

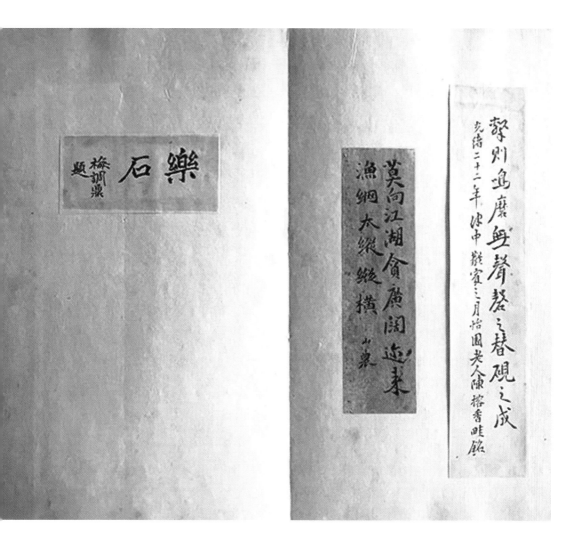

击则鸣，磨无声。磬之替，砚之成。

光绪二十二年，律中蕤宾之月怡园老人陈榕香畦铭

莫向江湖贪广阔，迩来渔网太纵横。山农

乐石，梅调鼎题

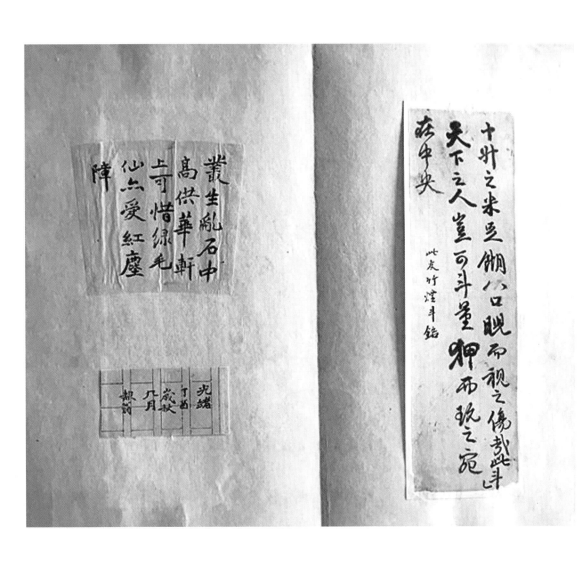

十升之米，足糊八口。睨而视之，伤哉此斗。

天下之人，岂可斗量。狎而玩之，宛在中央。

此友竹烟斗铭

丛生乱石中，高供华轩上。可惜绿毛仙，亦受红尘障。

光绪丁酉岁秋九月，赧翁

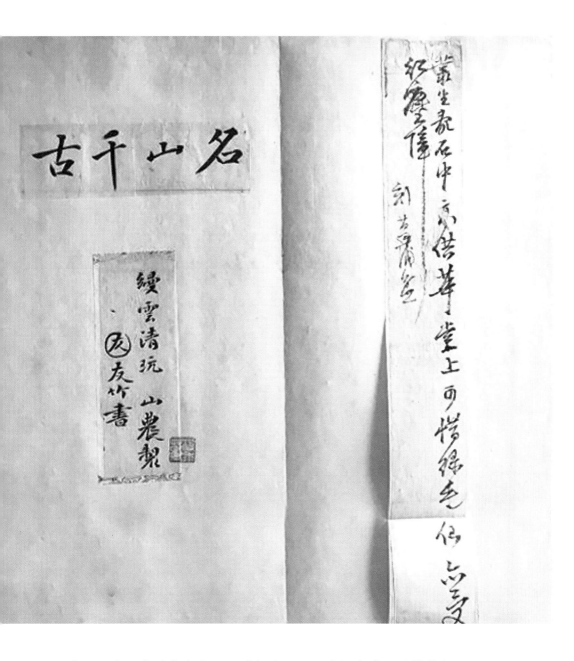

丛生乱石中，高供华堂上。可惜绿毛仙，亦受红尘障。刻菖蒲盆

名山千古

缦云清玩，山农制，友竹书

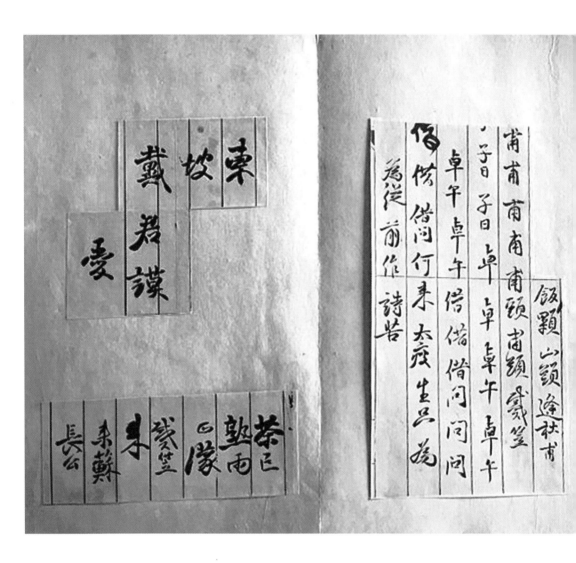

借问何来太瘦生，只为从前作诗苦。

东坡戴，君谟爱。

茶已熟，雨正濛，戴笠来，苏长公。

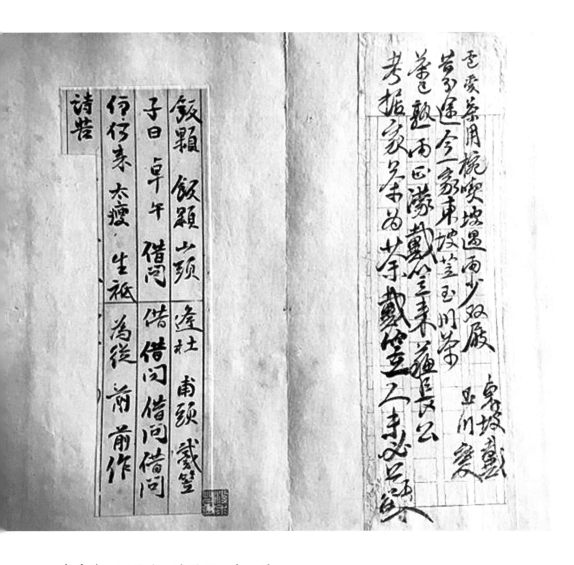

卢爱茶，用碗吃。坡遇雨，少双屐。
东坡戴，玉川爱。
昔分途，今一家。东坡笠，玉川茶。
茶已熟，雨正濛，戴笠来，苏长公。
考据家，茶为茶。戴笠人，未必苏。
借问何来太瘦生，只为从前作诗苦。

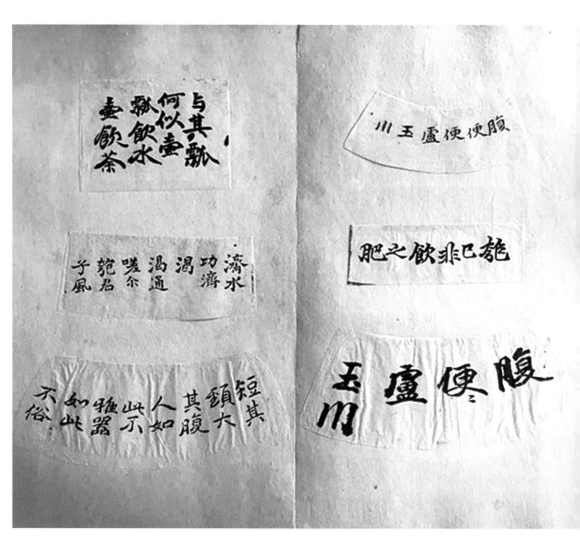

腹便便，卢玉川。

匏已非，饮之肥。

与其瓢，何似壶。瓢饮水，壶饮茶。

济水功，济渴通。嗟尔匏，君子风。

短其颈，大其腹。人如此不雅，器如此不俗。

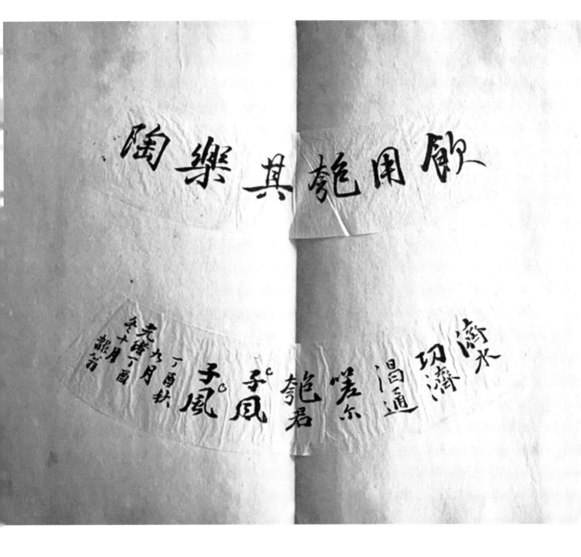

饮用匏，其乐陶。

济水功，济渴通。嗟尔匏，君子风。

丁酉秋九月

光绪丁酉冬十月，赧翁

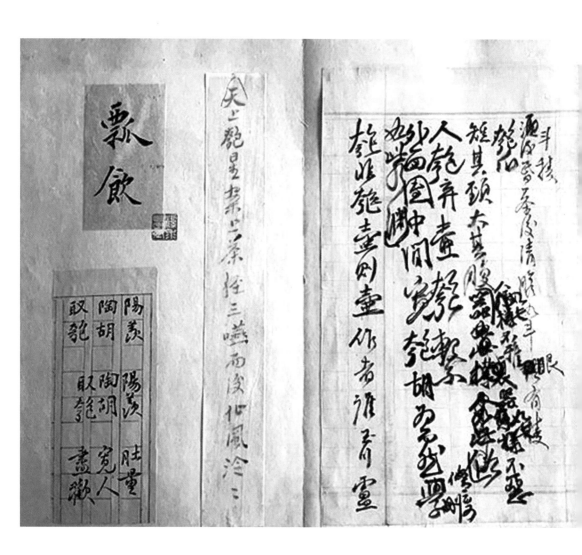

斗棱。酒后昏、茶后清。腹如斗，眼有棱。

外面团，中间宽。匏胡为而然，学如此乃渊。

短其颈，大其腹。人如此不雅，器如此不俗。

匏非匏，壶则壶。作者谁，玉川卢。

天上匏星，案上茶经，三咽而后，化风泠泠。

瓢饮。阳羡陶，胡取匏；肚量宽，人尽欢。

饮恨。光绪壬辰山农为伯年制，友竹铭。

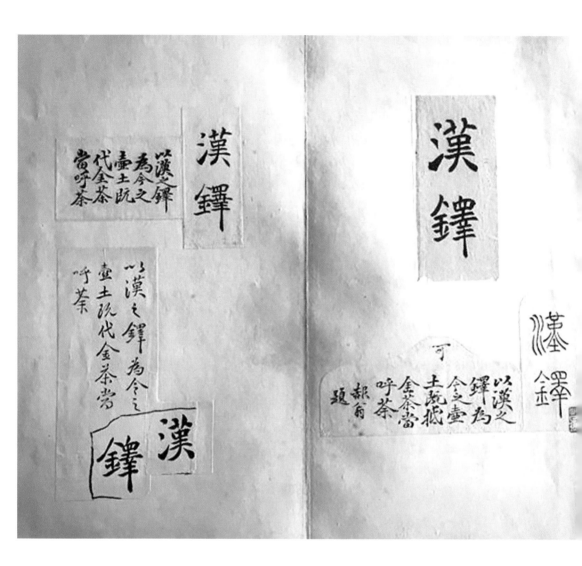

汉铎。以汉之铎，为今之壶，土既代金，茶当呼茶。赧翁题

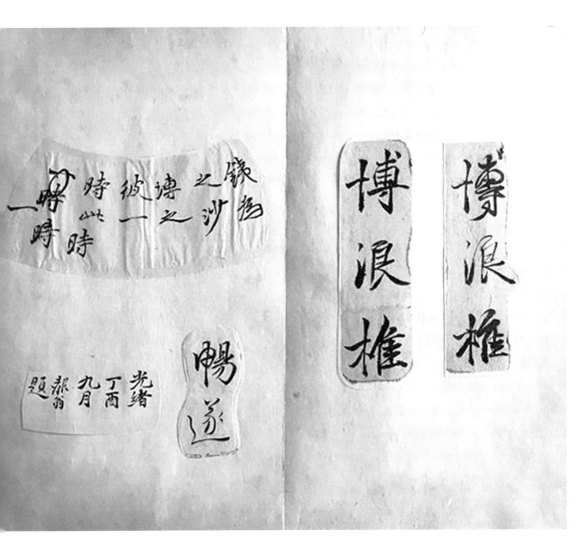

博浪椎

铁为之，沙抟之，彼一时，此一时。

畅遂。光绪丁酉九月，赧翁题。

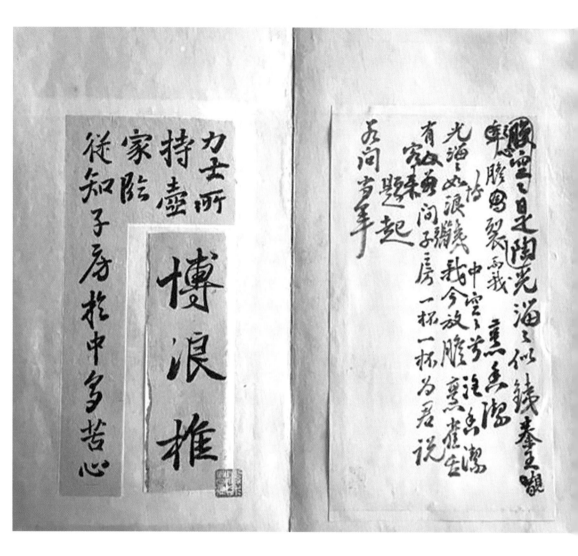

腹空空是陶，光溜溜似铁。

秦王睹胆裂，而我烹香洁。

中空空兮注香洁，光溜溜如博浪铁，

我今放胆烹雀舌，有客来问张子房，

一杯一杯为君说，题起如问当年。

力士所持壶家临，从知子房于中多苦心。

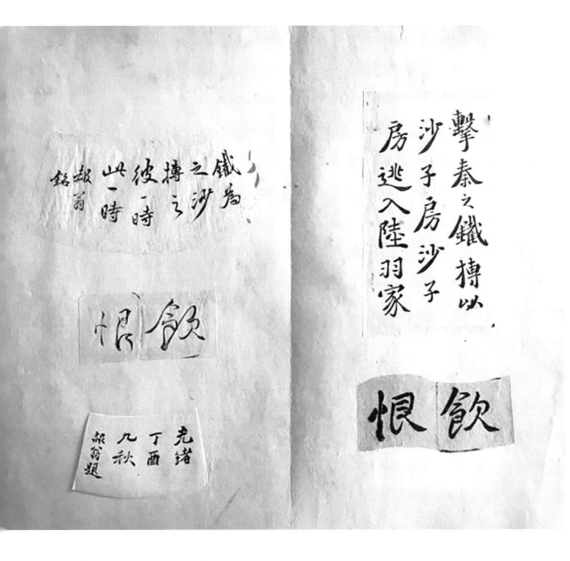

击秦之铁抟以沙，子房逃入陆羽家。

铁为之，沙抟之，彼一时，此一时。赧翁铭

饮恨

光绪丁酉九月，赧翁题

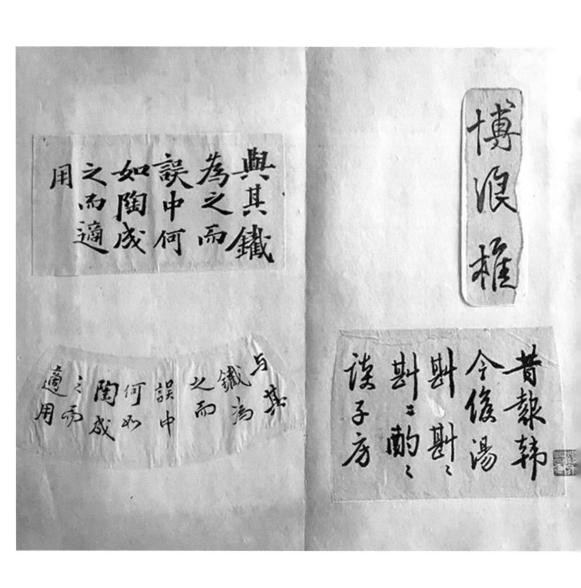

博浪椎

昔报韩，今候汤，斟斟酌酌谈子房。

与其铁为之而误中，何如陶成之而适用？

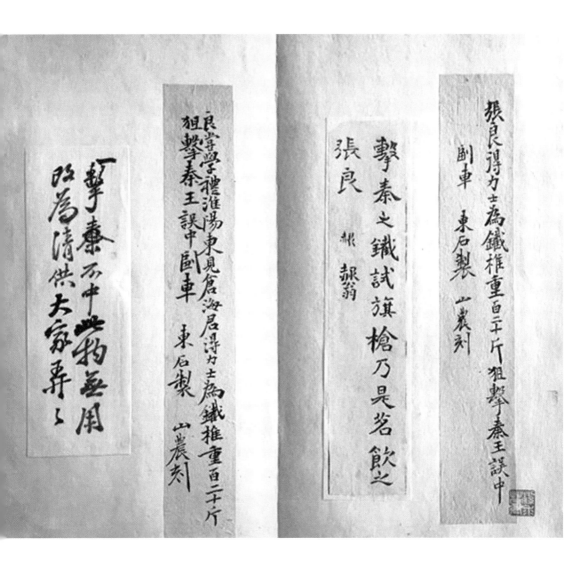

张良得力士，为铁椎重百二十斤，狙击秦王，误中副车。

东石制，山农刻

击秦之铁试旗枪，乃是茗饮之张良。赧翁

良尝学礼淮阳，东见仓海君，得力士，为铁椎重百二十斤，

狙击秦王，误中副车。东石制，山农刻

一击不中，此物无用，改为清供，大家弄弄。

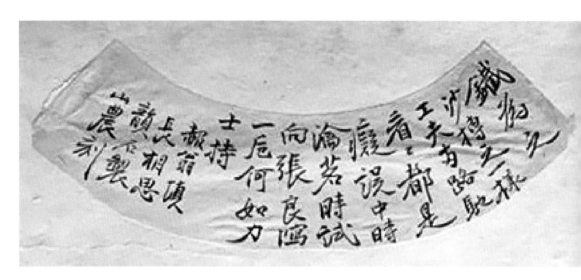

铁为之，沙抟之，一样工夫两路驰，看看都是痴。误中时，瀹茗时，
试向张良泻一卮，何如力士持？

叔翁填《长相思》，韵石制，山农刻。

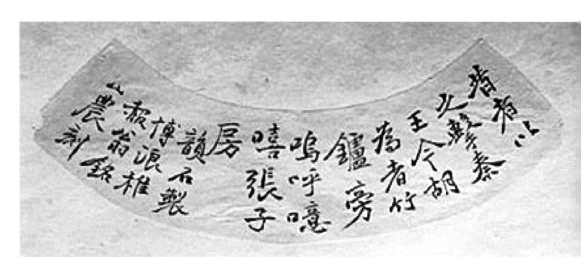

昔者以之击秦王，今胡为者竹炉旁，呜呼噫嘻张子房。

韵石制博浪椎，叔翁铭，山农刻

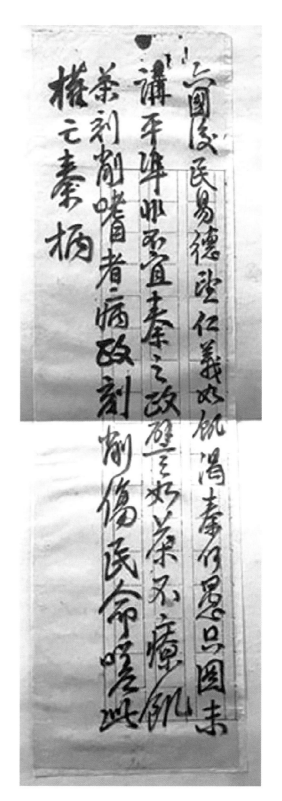

六国后，民易德。望仁义，
如饥渴。
秦何愚，只图末。讲平准，
非不宜。
秦之政，譬如茶，不疗饥。
茶刻削，嗜者病。政刻削，
伤民命。嗟此权，亡秦柄。

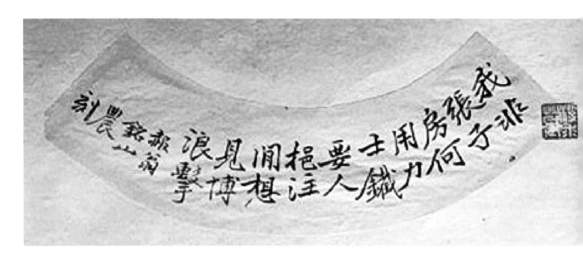

我非张子房，何用力士铁，要人挹注间，想见博浪击。

赧翁铭，山农刻

是卣非卣，宜茶宜酒。

六国后，民易德。望仁义，如
饥渴。

秦何愚，还逐末。讲平准，何
足奇（非不宜）

权有文，秦所遗。秦之政，譬
如茶，不疗饥。（秦之政，非不
好，纯用权，取亡早）

茶刻削，不伤命（嗜者病）。秦
（政）刻削，害于政（伤民命）。

借秦之权，作谈柄。嗟此权，
亡秦话柄（引）。

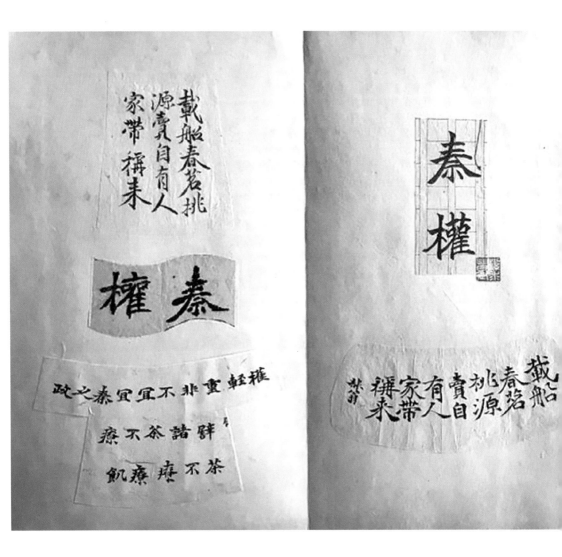

秦权

载船春茗桃源卖，自有人家带秤来。赧翁。

权轻重，非不宜，宜秦之政。

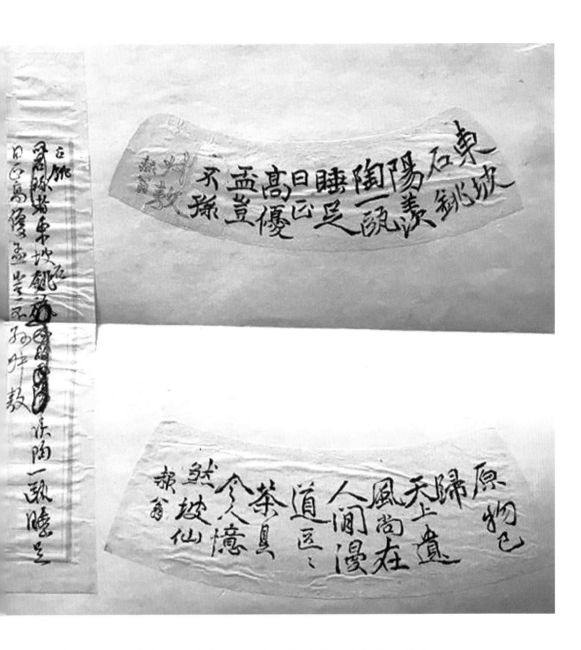

东坡石铫阳羡陶，一瓯睡足日正高，优孟岂不孙叔敖。赧翁

原物已归天上，遗风尚在人间。漫道区区茶具，今人忆煞坡仙。赧翁

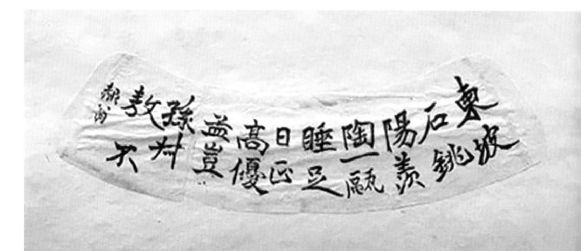

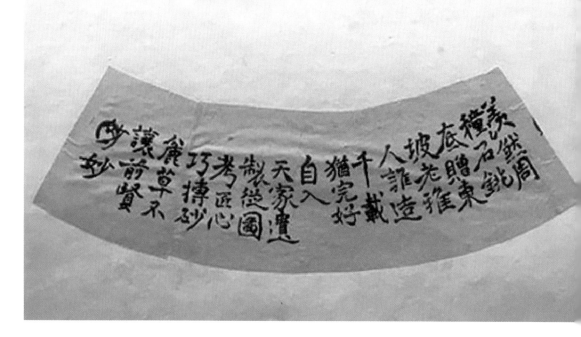

东坡石铫阳羡陶，一瓯睡足日正高，优孟岂不孙叔敖。赪翁
羡煞周穜，石铫底赠东坡老，雅人谁造，千载犹完好。
自入天家，遗制从图考，匠心巧，抟砂粗草，不让前贤妙。

东坡石铫阳羡陶，一瓯睡足日正高，优孟岂不孙叔敖。

羡煞周穜，石铫底赠东坡老，雅人谁造，千载犹完好。

自入天家，遗制从图考，匠心巧，抟砂粗草，不让前贤妙。

赧翁题，山农刻

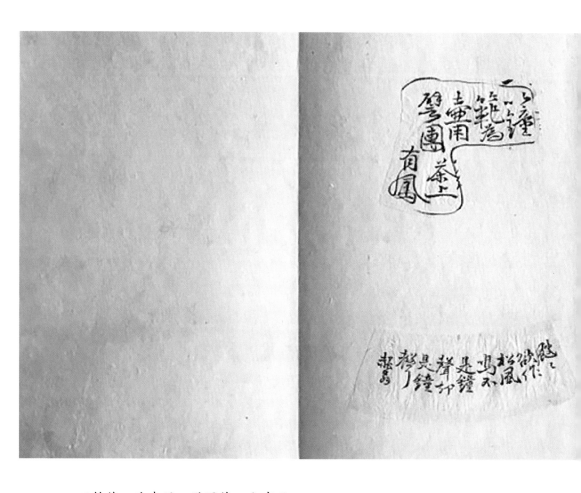

以钟范，为壶用，璧团茶，上有凤。

飕飕欲作松风鸣，不是钟声，却是钟声。赧翁

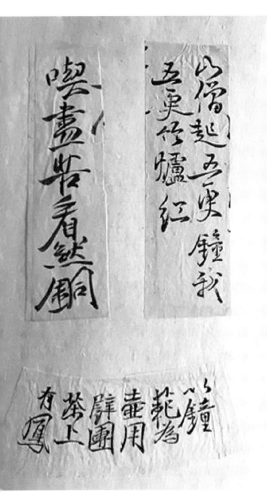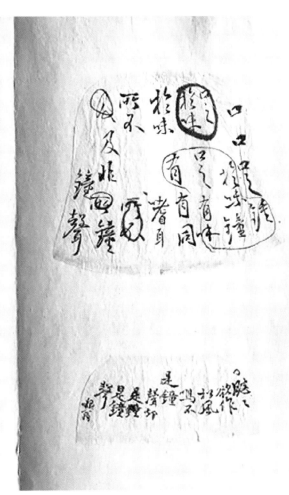

飕飕欲作松风鸣，不是钟声，却是钟声。赧翁

山僧起，五更钟。我五更，竹炉红。

吃尽苦，看煞铜。

以钟范，为壶用，璧团茶，上有凤。

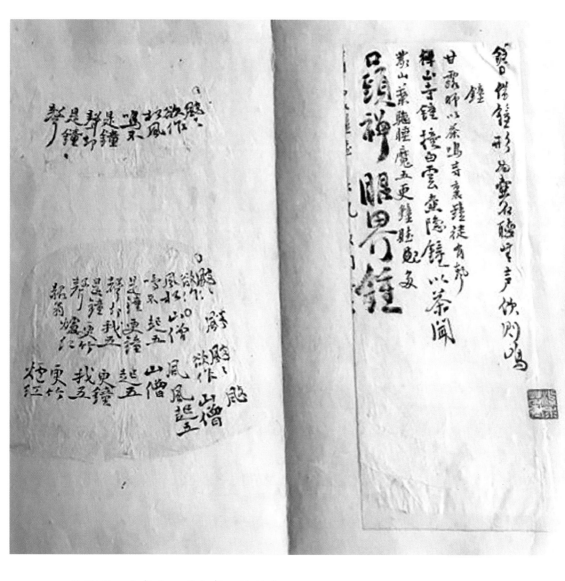

借钟形，为壶名。听无声，饮则鸣。
甘露师，以茶鸣。寺里钟，徒有声。
山寺钟，撞白云。壶隐钟，以茶闻。
蒙山叶，驱睡魔。五更钟，听已多。
口头禅，眼界钟。
飕飕欲作松风鸣，不是钟声，却是钟声。赧翁
山僧起，五更钟。我五更，竹炉红。

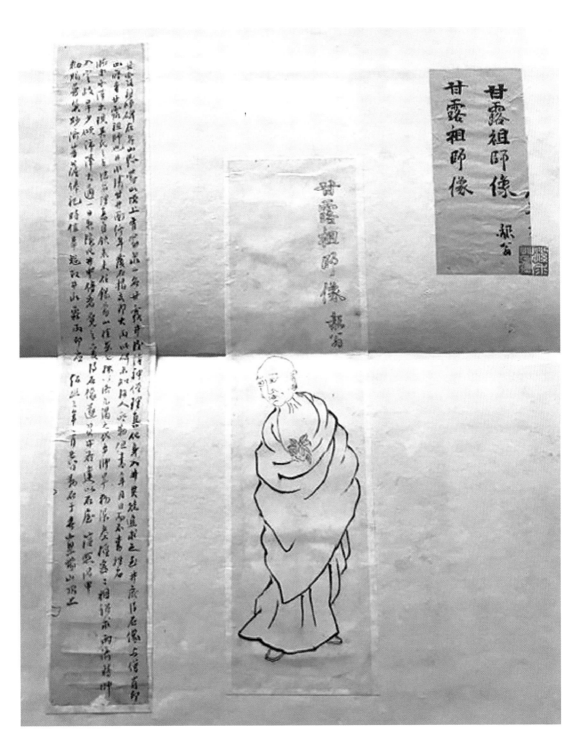

甘露祖师像，赧翁

不大不小，酌乎其中。
租爸重耳，月团卢仝。

洪丕谟先生府上另有珍藏《梅调鼎紫砂壶铭手稿》十一册，经得洪丕谟夫人姜玉珍女士同意，现将原稿首次公之于世，以供后人了解和研究。

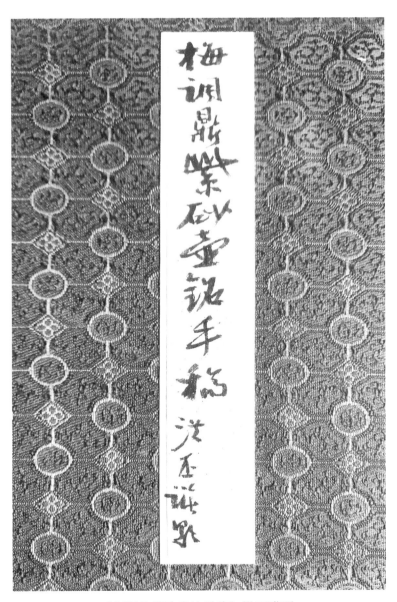

《梅调鼎紫砂壶铭手稿》洪丕谟题

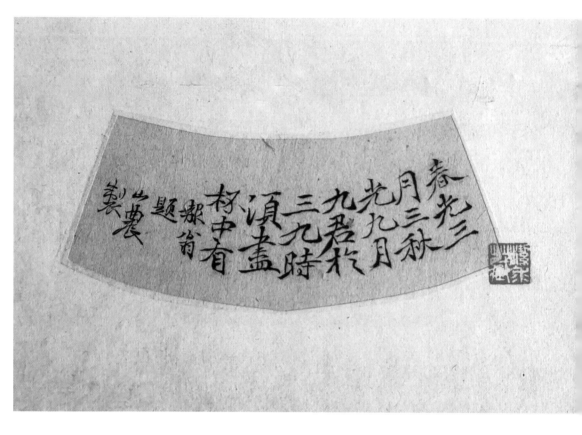

春光三月三，秋光九月九。君于三九时，须尽杯中有。赧翁题，山农制

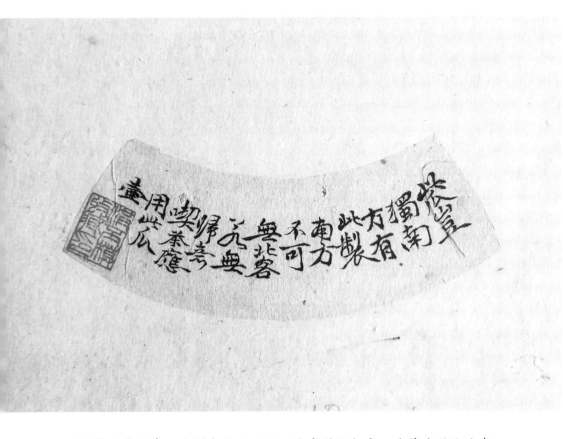

此瓜岂独南方有，此制南方不可无。北客若无归意，吃茶应用此瓜壶。

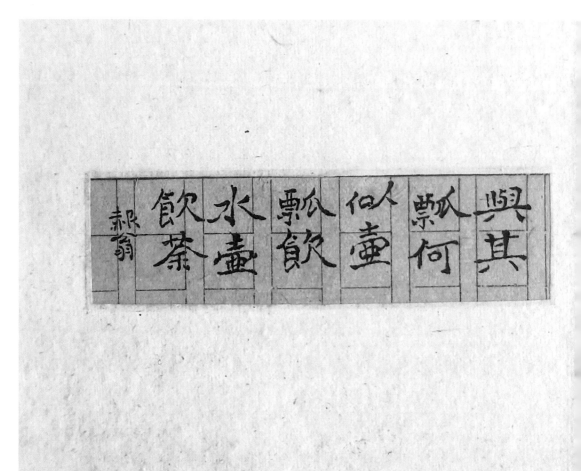

与其瓢，何似壶。瓢饮水，壶饮茶。赧翁

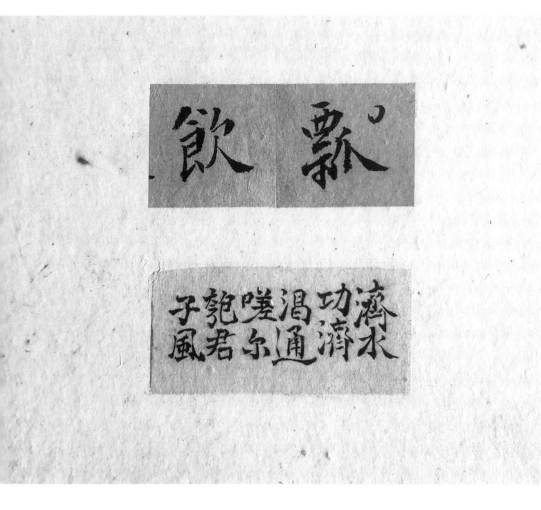

瓢饮

济水功，济渴通。嗟尔匏，君子风

飕飕欲作松风鸣，不是钟声，却是钟声。

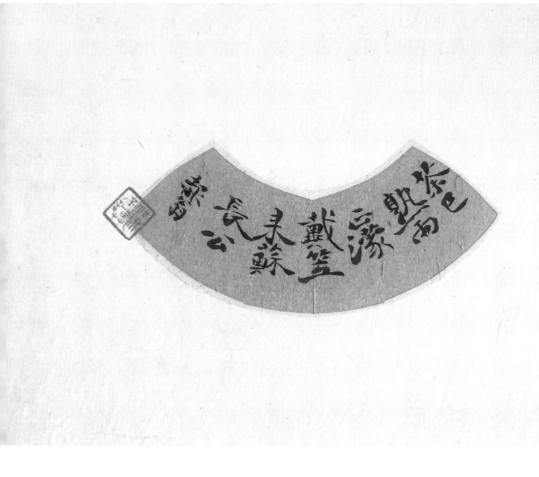

茶已熟，雨正濛。戴笠来，苏长公。赧翁

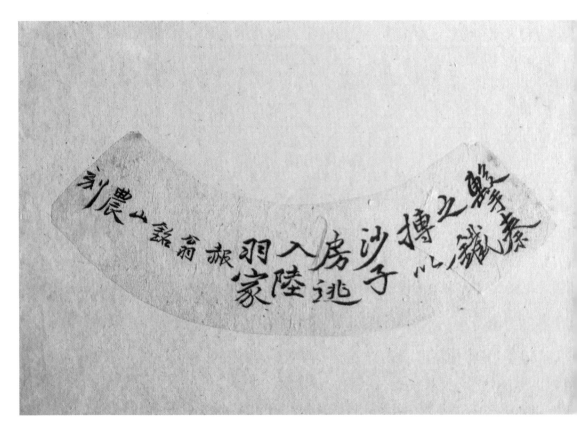

击秦之铁抟以沙，子房逃入陆羽家。赧翁铭，山农刻

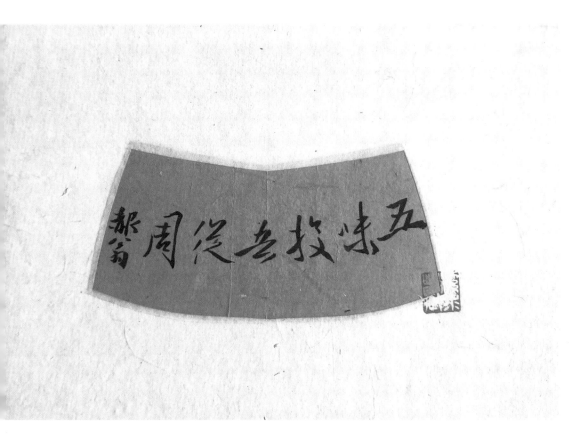

五味投，吾从周。赧翁

久晴何日雨，问我我不语。请君一杯茶，柱础看君家。赧翁

生于棚，可以
羹。制为壶，
饮者卢。光绪
丁酉九月，赧
翁题

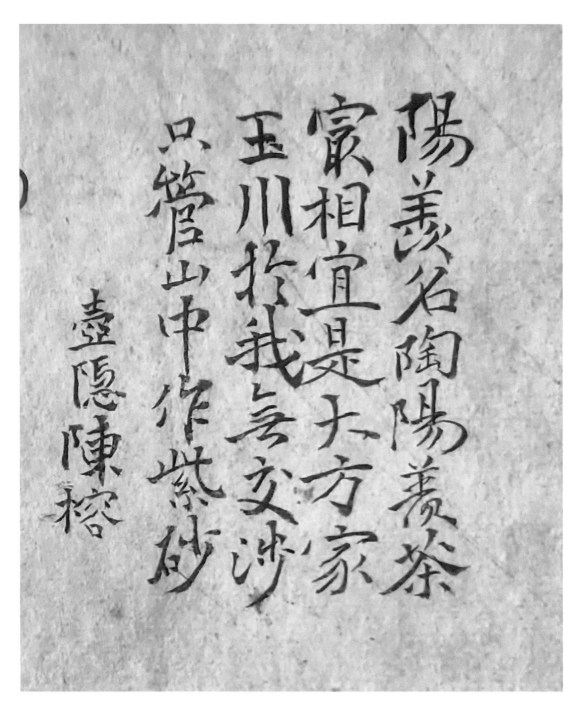

阳羡名陶阳羡茶，最相宜是大方家。
玉川于我无交涉，只管山中作紫砂。壶隐陈榕

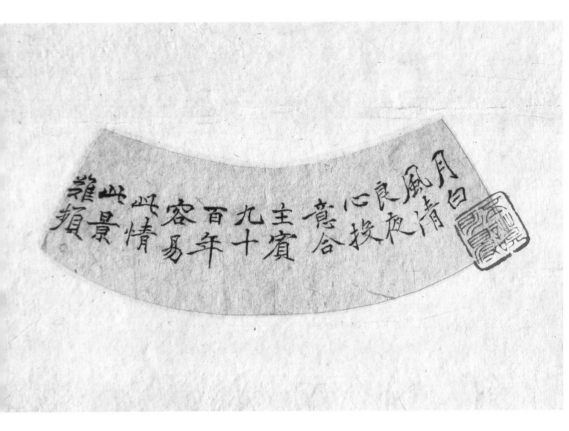

月白风清良夜，心投意合主宾。九十百年容易，此情此景难频。

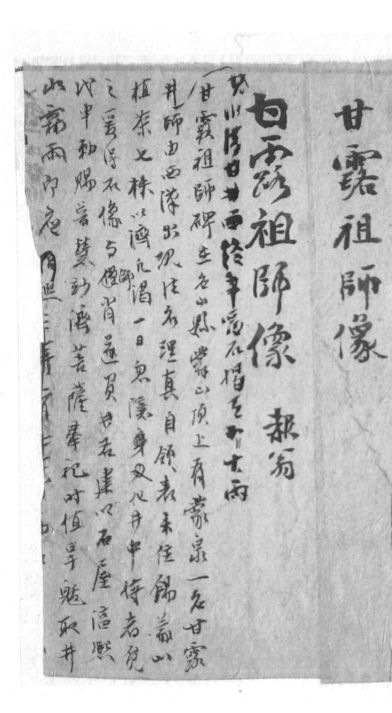

甘露祖師像　赧翁

甘露祖师像

秦权

载船春茗桃源卖，自有人家带秤来。

张良得力士，为铁椎重百二十斤，狙击秦王，误中副车。

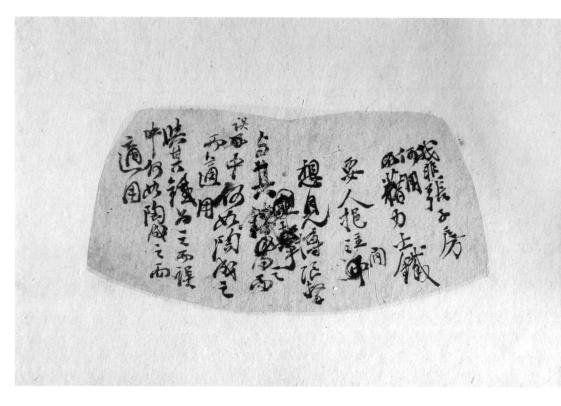

我非张子房，何用力士铁。要人挹注闲，想见博浪击。
与其铁为之而误中，何如陶成之而适用。

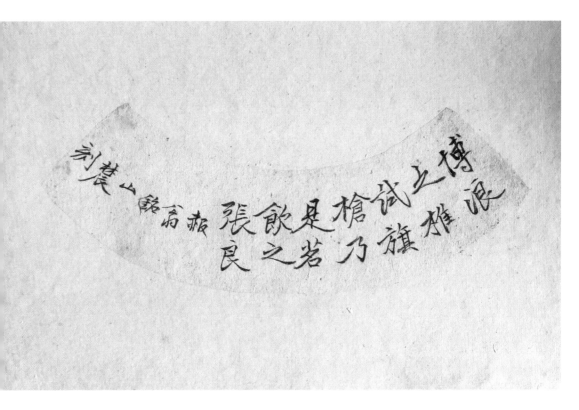

博浪之椎试旗枪，乃是茗饮之张良。赧翁铭，山农刻

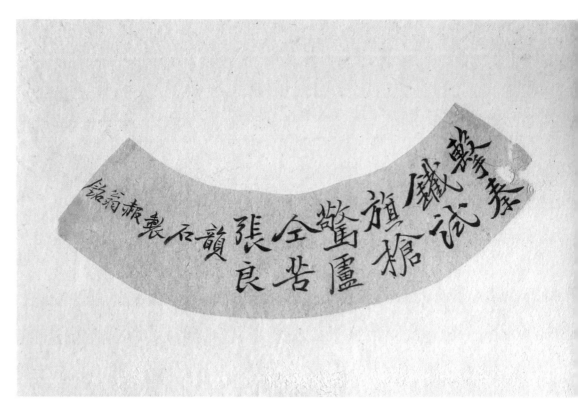

击秦铁，试旗枪，惊卢仝，苦张良。韵石制，赧翁铭

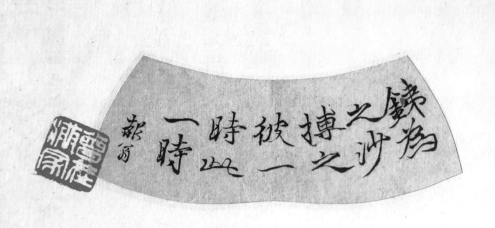

铁为之，沙抟之，彼一时，此一时。赧翁

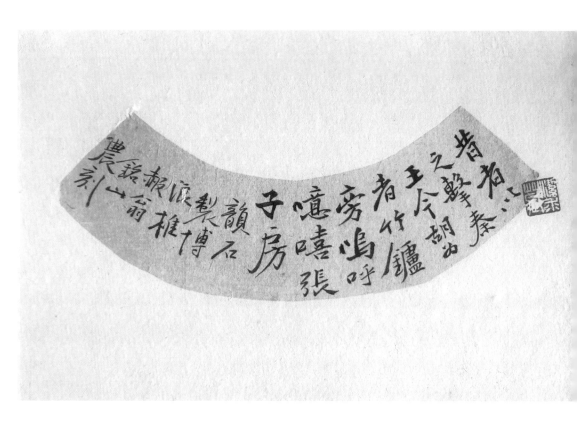

昔者以之击秦王，今胡为者竹炉旁，呜呼噫嘻张子房。

韵石制博浪椎，赧翁铭，山农刻

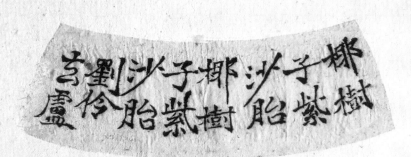

椰树子，紫沙胎。椰树子，紫沙胎，刘伶去卢

椰椰子子，夺胎换骨。昔误人醉，今解人渴。赧翁

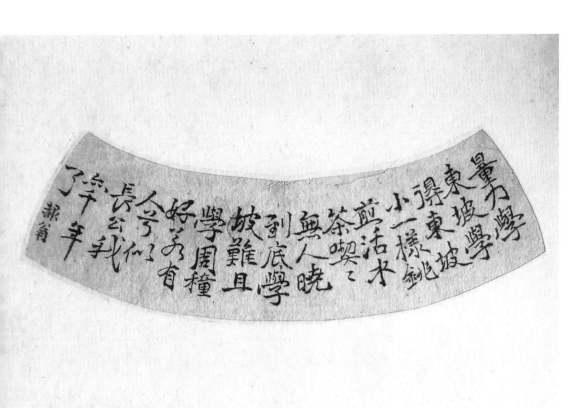

量力学东坡，学得东坡小。

一样铫煎活水茶，吃吃无人晓。

到底学坡难，且学周穜好。

若有人兮似长公，我亦千年了。叔翁

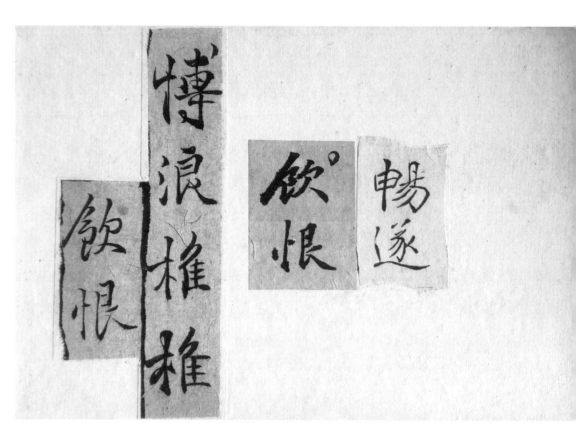

畅遂

饮恨

博浪椎

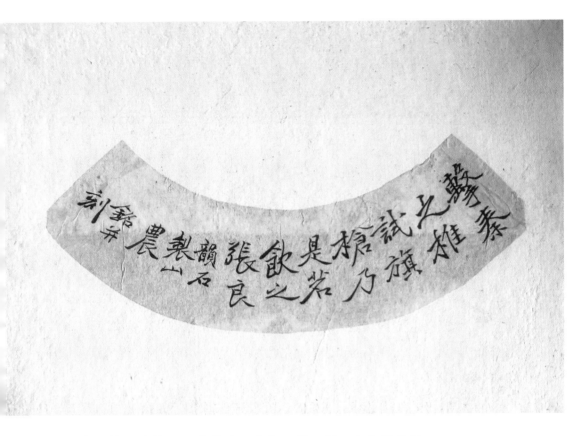

击秦之椎试旗枪，乃是茗饮之张良。韵石制，山农铭并刻

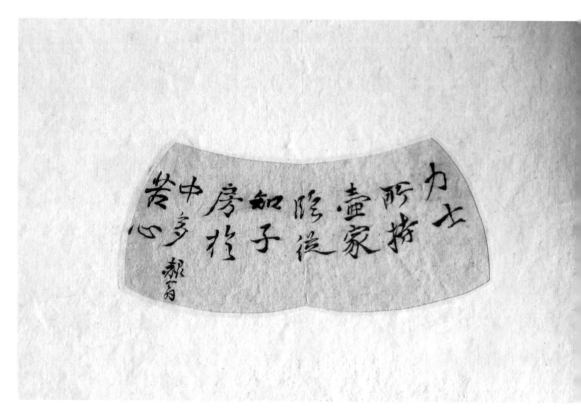

力士所持壶家临，从知子房于中多苦心。赧翁

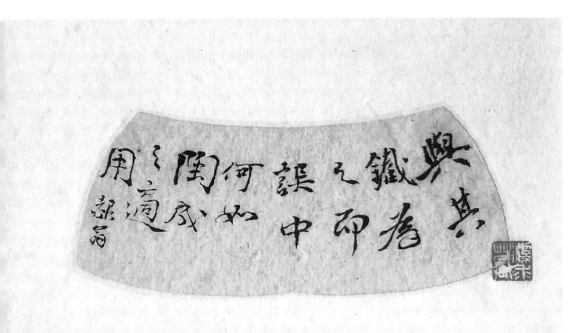

与其铁为之而误中，何如陶成之适用。赧翁

第三节 玉成窑主要名家

从系统收藏研究玉成窑传世真品考证，参与玉成窑紫砂创作的名家众多，有任伯年、胡公寿、虚谷、徐三庚、周闲、黄山寿、梅调鼎、陈山农、艾农、何心舟、王东石、幼仙、半粟居士、少複等。存世古器合作的人物以梅调鼎、任伯年、胡公寿、徐三庚、陈山农、何心舟、王东石为居多，亦是玉成窑之上品。

一、任 伯 年

任伯年（1840—1895），名颐，初名润，字小楼，后改字伯年，越中山阴（今绍兴）人，自幼由其父任淞云指导画艺。1864年，迁往宁波卖画为生，结识任薰，30岁后长居上海，后加入被史学家称作"海

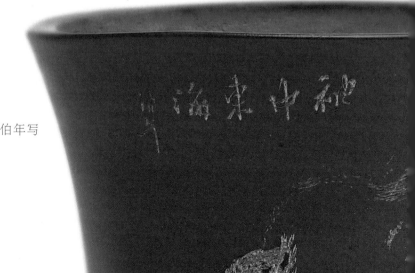

晚清 玉成窑任伯年写
刻赏石花盆

上画派"的文人画上海画家圈子（其中有任薰、胡公寿、周闲、虚谷、蒲作英、吴昌硕等）。任伯年是天才画家，仿北宋人法，颇近老莲，食古能化。他的人物画变化万千，造型准确，神韵生动，随意而自然，当时无人能及。虽以人物画为长，然山水、花鸟也皆称海派代表，与虚谷、蒲华、吴昌硕齐名为"晚清海派四杰"。任伯年亦善治印，潇洒奇崛，功力不凡。任伯年一直是海派的主力，并享誉海外。

知名文史作家郑逸梅（1895—1992）著有民国三十六年出版的《小阳秋》人物读本，首篇是撰写"任伯年之塑像"的文章："邻有张紫云者，善以紫砂抟为鸦片烟斗，时称紫云斗，价值绝高。伯年见之，忽有触发，罗致佳质紫砂，作为茗壶酒瓯，以及种种器皿，镌书若画款于其上。便捏塑其尊人一像，高三四尺，须眉衣褶，备极工致，日日从事于此，画事为废，致断粮无以为炊，妻怒，尽举案头所有而掷之地，碎裂不复成器，仅克保存者，即翁象一具耳。伯年徐徐曰：此足与曼生争一席之地……"

《小阳秋》中讲述的任伯年之塑像，是任伯年用紫砂雕塑父亲任淞云之小像，有多次出版著录，为存世孤品。像高约30厘米，

民国版郑逸梅著《小阳秋》

小陽秋

任伯年之塑像

鄭逸梅 撰

有清一代。畫師輩出。四王。吳。惲。其尤著者也。即同光間之任伯年。亦名重墨林。至今猶有稱道之者。居停孫紫珊君。與任有舊。一昨為予述其軼事。儼有風趣。爰記之如下。任伯年諱頤。山陰人。真率不修邊幅。畫人物花卉。仿北宋人法。純以焦墨鈎。賦色穠厚。頗近老蓮。後得八大山人畫冊。更悟用筆之妙。雖極細之畫。必懸腕中鋒。自言作畫如彼。差足當一寫字。間作山水。沈思獨往。忽然有得。疾起捉筆。淋漓揮灑。氣象萬千。書法亦參畫意。奇警異常。寓滬城三牌樓附近。鬻畫為活。鄭有張紫雲者。善以紫砂摶為雅片烟斗。時稱紫雲斗。價值絕高。伯年見之。忽有觸發。羅致佳質紫砂，作為茗器酒甌。以及種種器皿。鐫畫若畫款識於其上。更捏塑其尊人一像。高三四尺。鬚眉衣褶。備極工緻。日日從事於此。畫事為輟。致斷糧無以為炊。妻怒。盡舉案頭所有而擲之地。碎裂不復成器。僅克保存者。即翁象一具耳。伯年徐徐曰。此足與曼生爭一席地。博利或竟勝於丹青也。聞此像今尚在其哲嗣董叔處。吳昌碩學畫於伯年。時昌碩年已五十矣。伯年為寫梅竹。寥寥數筆以示之。昌碩攜歸。日夕臨摹。積若干紙。請伯年政定。觀之。則昌碩得形似。梅則朦腫大不類。伯年曰。子工書。不妨以篆籀寫花。草書作幹。變化貫通。不難得其奧訣也。昌碩從此作畫甚勤。每日必至伯年處談畫理。伯年固性懶。因此畫件益擱置。無暇再事揮毫。妻又大恚。欲下逐客令。伯年一再勸止之始已。伯年客死滬寓。身後殊蕭條。幸其女霞。字雨華傳家學。鬻畫以養母撫弟。且常署父名以圖易售。伯

一

民国版郑逸梅著《小阳秋·任伯年之塑像》

脖子有断裂痕，人物脸庞清瘦，精神矍铄，栩栩如生。双手相靠、两腿交叉，右手倚靠一书函，无事闲坐于一块自然造型的英石一端，特别是老人后脑垂落的小辫子，精细入微，手法一丝不苟，整体以写实写意结合，生动传神。这是画家身份的儿子为生父塑造的真实形象，神态自若闲逸，传递的是孝子对父亲的感恩之情。2012年，任伯年紫砂泥塑任淞云小像出现在西泠春拍"任伯年遗珍专场"中，最后落槌价300万元，可见任伯年紫砂艺术之不凡。

任伯年为父亲
任淞云塑像

晚清 玉成窑任伯年刻
花卉提梁壶（南京博
物院藏）

壶身铭文：稚邨仁兄清
玩，伯年并刻

　　据资料和实物考证，任伯年曾有一段时日痴情于文人紫砂，迷恋
紫砂的绘刻创作，欲与前贤陈曼生争一席之地，以至于影响绘画，造
成家庭经济困难，并惹怒家妻。可见当时文人墨客情寄紫砂，更多的
是为了情趣雅兴与骨子里的爱好。

　　目前发现任伯年刻绘传世真品不多，其中南京博物院收藏一件伯
年刻花卉东坡提梁壶，壶身铭刻："稚邨仁兄清玩。伯年并刻。"上
海博物馆也藏有一件椰瓢，铭刻："石瓢（实为椰瓢）。光绪己卯仲
冬之吉，横云铭，伯年书，香畦刻，东石制，益斋先生清玩。"还

有吴昌硕旧藏任伯年写刻"双龟图"的提梁壶，此壶造型独特新颖，硬朗挺拔、敦厚古朴。台形壶身，上缩方形为口、下放壶底方正，扁平式的玉带提梁上镌刻吉祥龙纹图，壶上款识"己卯春仲伯年任颐"，两只乌龟绘刻线条简练古拙，形制自然有趣，一静一动，惟妙惟肖。吴昌硕与任伯年亦师亦友，此壶一直随吴昌硕藏存寓中。吴昌硕作古，后人将此提梁壶捐赠杭州西泠印社，现为西泠印社镇馆之宝之一。

在梅调鼎《周盉图及壶铭稿》中见有"饮恨"壶式画稿一件，落款为："光绪壬辰，山农为伯年制，友竹铭。"此梅赧翁先生落款"友

晚清 玉成窑任伯年书东石制椰瓢壶（上海博物馆藏）

壶身铭文：石瓢。光绪己卯仲冬之吉，横云铭、伯年书、香畦刻、东石制，益斋先生清玩

晚清　玉成窑龙泉
周印款任伯年写刻
"双龟图"提梁壶

提梁壶"己卯春仲伯
年任颐"落款

提梁壶 壶底细节

竹铭"尚鲜见。

目前发现存世的任伯年作品除绘刻的紫砂壶,还有大小赏瓶、各式花盆等。常见刻款有:任伯年、任伯年写、伯年、山阴任伯年、伯年任颐、伯年任颐写、任颐等。任伯年根据不同的绘画题材,结合自己的绘画功底、审美品位,采用玉成窑特有的"双刀挑砂""双刀清底"之刀法,也用推刀、铲刀、拉刀等不同刀法,达到各不相同的效果,每件作品的镌刻刀法都有不同,件件都有创意。绘刻题材以人物、花草、奇石、动物为主,构图新巧,主题突出,刀法娴熟如飞,丰富多变,笔墨感饱满,均为难得的即兴之作,只可惜传世存品不多。

二、胡 公 寿

胡公寿(1823—1886),名远,字公寿,号瘦鹤、横云山民,寓斋曰"寄鹤轩"。玉成窑紫砂器书画刻款常见有胡公寿、公寿、公寿题和横云铭等。胡公寿年轻时为诸生曾屡次参加科举考试,均未中,后遂弃而学画。他精通古文,擅长诗文,为海派开派名家之一,被誉为诗书画三绝,为海派早期代表人物。

任伯年到上海后,是得于胡公寿的大力提携指导,还合作了不少绘画作品。他们虽以卖画为生,但都有较高的文化修养,继承了文人画的传统,坚持高雅的画品,亦藉紫砂器创作寄情言志,是他们一大乐趣。胡公寿与何心舟、王东石均有合作,传世玉成窑作品有心舟制石瓢壶、东石椰瓢壶、东石制石钟壶、心舟制秦权壶、心舟制东坡提梁壶、东石制宝珠壶、东石制文房水丞、心舟制调色盘、心舟制棋钵、东石制花盆等,均可见其铭文。心舟制石瓢壶铭"石可袖,亦可漱。云生满瓢,嘛者寿。胡公寿",是其经典之作。王东石制椰瓢壶铭文:"公寒溜煮佳茗,贤者之乐在瓢饮。横云铭。"另有东石制东坡提梁壶铭:"东坡石铫。提壶相呼,松风竹炉。公寿题。"与王东石合作制的

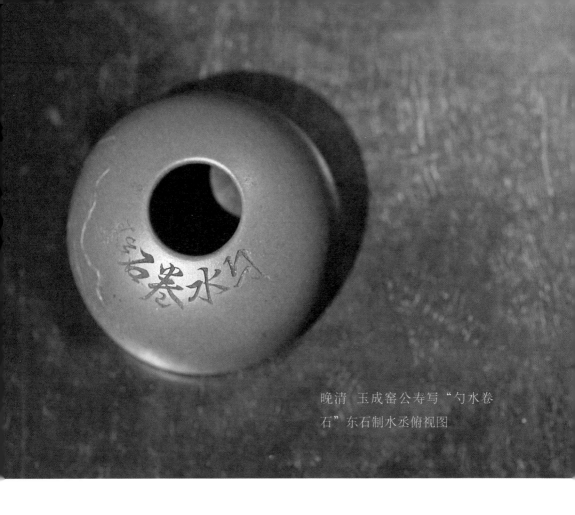

晚清 玉成窑公寿写"勺水卷
石"东石制水丞俯视图

石钟壶铭文："山寺静，石钟鸣。幽梦破，看茶经。己卯上巳，东石仿
曼生。"王东石只擅长制壶不善书法镌刻。

胡公寿还有不同题材的绘刻作品，如赏石兰花、奇草游鱼等，书
法作品秀健典雅，绘画灵动飘逸，布局新颖巧妙，整体予人有富贵气
息同时又极具文人风雅。

三、徐 三 庚

徐三庚（1826—1890）晚清著名书法篆刻家，浙江上虞人。字袖
海，又字辛谷，号西庄山民、金罍山民、金罍道士、金罍野逸，另有

诜郭、似鱼、嚣噉散人等别署。斋名有"似鱼室""沤寄室主"等。徐三庚年轻离家，游艺南北，先后至杭州、宁波、上海、苏州、北京等地，其中在上海居住时间最长。

徐三庚的书法篆刻广采博纳，自成一家，为时所尚，且行谊清超，胸怀淡远，各界人士都乐其交往，受印者有任伯年、胡公寿、黄山寿、王东石等。

徐三庚的书法各体皆能，尤精篆隶，奇瑰劲涩，面目独具，惜存世无多。玉成窑书铭，以魏碑、漆书为主，厚朴古拙，独树一帜。

徐三庚参与玉成窑创作的紫砂器存世不多，宁波天一阁博物院收藏民国藏书家朱赞卿的旧藏"袖海书石林何氏款弯流椰瓢壶"，香港中文大学文物馆收藏有"袖海书石瓢水丞"，台湾紫砂收藏家黄正雄收藏有"石林何氏款袖海书饮瓢弯流椰瓢壶"。存世品还有东石制木铎壶、东石制宝珠壶、心舟制半月五铢壶、心舟制菖蒲花盆等。署印款有"似鱼室主""袖海书""袖海署"等。

四、陈 山 农

陈山农，号山农，晚清民国时期书法篆刻家，擅紫砂器、竹木镌刻，为玉成窑主要陶刻名家。

台湾翦淞阁曾藏王东石制陈山农摹延年瓦砚上刻有铭文："阳羡王东石制陶砚，慈溪陈山农摹汉未央宫延年瓦文，刻于寿石山房。"玉成精舍藏有山农刻汉镜楠木盒，盒面落款："慈溪陈山农摹汉镜文于寿石山房。"可知陈山农为宁波慈溪现江北慈城人氏。寿石山房是晚清民国慈溪籍药商沈德寿（1854—1925，字长龄，号药庵）的斋号，吴晗《江浙藏书家史略》记载其为四位慈溪籍著名藏书家之一。《沈药庵先生生圹志》曰："故生平所交，皆一时英俊，如叶缦卿孝廉，叶俊笙大

晚清 玉成窑陈山农制任伯年碧梧轩画缸（台北翦淞阁藏）

晚清 玉成窑陈山农制任伯年碧梧轩画缸拓片

心舟盖款

令，陈山农处士尤相笃好，久而无间。少时工篆刻，长能辨别书画真赝……"沈德寿自小性喜书画篆刻，与陈山农友情笃深，有同道之好，山农有多件玉成窑文房雅器刻于寿石山房。

陈山农陶刻古朴自然，游刃有余，精湛纯熟，安静规矩，尤擅紫砂陶刻。参考宁波天一阁博物院及民间藏家的山农传世篆刻作品，其砂器印款、刻款有"山农""岳年""陈小雅""香畦刻""陈山农刻"等。通过对玉成窑传世紫砂器的考证，陈山农与任伯年、徐三庚等素有往来，与紫砂名家何心舟、王东石也有合作，参与玉成窑镌刻留有印款、刻款的多为文房用器，如水注、花盆、瓦砚、赏瓶、笔洗等，其中台北翦淞阁所藏陈山农制碧梧轩紫砂胎釉缸尤为经典，器物落地一米多高，上敛下侈，造型简练有张力，文雅大气，紫砂胎内外施釉，铭文刻有"碧梧轩画缸"，左署"光绪辛巳八月朔，陈山农自缶畀赠任伯年"，玉成窑的印泥盒、调色盘等文房用器一般只内有施釉，而内外整体施釉的仅此一件。在遗存的梅调鼎壶铭稿件中，壶铭落款有"赧翁题山农刻""赧翁铭山农刻""山农学制""山农制刻""山农""怡园老人陈榕香畦铭""山农制友竹书""光绪壬辰山农为伯年制友竹铭""东石制山农刻""韵石制山农刻""韵石制山农铭并刻"等，以"赧翁题山农刻"居多，此可佐证梅调鼎书写的壶铭均由陈山农镌刻而成。在《注韩室诗存》"题陈山农独立岩下小像"中，梅调鼎对陈山农的篆刻赞赏有加，"世人但皮相，云伊工铁笔。谁知铁笔工，仿佛秦汉刻"。陈山农也深谙梅赧翁书法的风格与特点，陶刻技法又十分娴熟，运用玉成窑特有的"双刀挑砂"结合"双刀清底"刀法，以挑砂后底之深浅来呈现笔墨的浓淡，字与字间一线牵丝都能表现得淋漓尽致，把梅先生的壶铭书法气息完整地还原于壶面上。

五、何 心 舟

生卒年不详待考证中，晚清同治、光绪年间紫砂制壶名家，擅陶器镌刻。经考证相关史料，何心舟为宁波奉化石林人氏，曾于奉川石林窑创作紫砂器，后与王东石一起加入玉成窑文人紫砂创作，成为玉成窑造器中坚。

除宜兴紫砂，何心舟也用本地紫砂矿料制作玉成窑壶器，传世名作有汉铎壶、石瓢壶、钟式壶、瓜形壶、博浪椎壶、秦权壶、东坡提梁壶、笠荫壶、汲直壶、匏瓜壶、柱础壶、横云壶、椰瓢壶、橄榄壶等，还有四方水注、印泥盒、水丞、笔洗、格洗等文房雅玩及棋钵、鼻烟壶、花盆、花瓶等生活实用器。由他镌刻的传世壶器有三足周盘壶、木铎壶、半月玉璧壶、各式大小花盆、赏瓶、盖碗、印泥盒、紫砂砚、壁瓶等。镌刻的内容有钟鼎文、瓦当文、砖文、诗文、人物绘画等，刀法采用玉成窑典型的"双刀挑砂"与"双刀清底"相结合的

晚清 玉成窑赧翁铭林园款韵石制博浪椎壶（唐云旧藏）

方式，娴熟利索，匠心巧思，运刀如笔，刻边落刀光滑明快无任何崩
边，书法线条明快流畅，自然而不失书法原味，所刻砂器均古雅文
气，清鲜秀丽。何心舟常见印款有"心舟""韵石""林园""石林何
氏""日岭山房"等，另有"石林何心舟居士所作"用款，可知其常
用"曼陀华馆"斋号闲章的缘故了，他是紫砂史上少有的既精于紫砂

陶制，又工于紫砂镌刻的大家。何心舟是与玉成窑梅调鼎合作最多的制壶造器名家，有时也与徐三庚、胡公寿等合作创作，传世紫砂壶器造型安静文雅，线条流畅多变，手法灵巧简约，构思别出心裁，堪称紫砂陶制典范。所制壶器多有参考前人经典器型和秦汉青铜彝器，运用自身特有的审美品位及抟砂技法，创造出许多独具文人气质的玉成窑经典砂器，丰富并提升了紫砂的造型和标格，为中国紫砂艺术史上一代翘楚。何心舟对器型的比例、圆润张力及线条的细微变化掌握尤为精准，玉成窑石瓢壶、汉铎壶、柱础壶等壶的流嘴与壶把的创作都体现出了他的独到之处；玉成窑林园款赧翁铭钟壶是心舟传世经典代表作，此壶参照古钟形制，通过流畅多变、灵动有力的线条塑造出端庄大气、厚朴简约的造型，将紫砂造型的线条运用推到极致。由顾景舟先生主编的《中国宜兴紫砂珍赏》一书中选录了四件何心舟制玉成窑茗壶，其中一件由海上画家唐云先生旧藏的韵石制赧翁铭林园底款博浪椎壶，是何心舟与梅调鼎合作的经典之作。此壶造型传世少见，应是玉成窑原创作品。整体形制古朴凝重，浑身充满力感。博浪椎源于战国典故韩国贵族张良为国复仇，与大力士在博浪沙阻击秦始皇时所用的大铁椎，故名"博浪椎"。壶身浑圆平头嵌盖，壶肩等距巧设三凸耳，耳下各衔活动铜环，择其一耳为壶嘴孔，左右两耳可代替壶把之用。嵌盖上立短柱钮，套有五环紫砂索链，均可自由活动。正面壶铭为："铁为之，沙抟之。彼一时，此一时。赧翁铭。"另有一面铭刻"博浪椎"。

作品整体给人浑圆大气、逼真生动之感，设计构思理趣兼得，朴拙自然中不失精工巧艺。顾景舟先生在书中评价言："此壶制技尚称精确周到，尤其是对泥的配制，颇为讲究，细泥调制粗砂，肌理粗而不糙，后饰以赧翁之精妙书法，镌刻干脆，锋锐利落，游刃有余，诚为艺趣盎然的一件佳器。"玉成窑另见有王东石制博浪椎，造型略有区别，何心舟博浪椎偏古拙厚重感，东石制博浪椎偏典雅饱满，各有千秋。

壶身铭文：铁为之，沙抟之。彼一时，此一时。赧翁铭

六、王 东 石

据考王东石原名王胜长，生卒年不详，晚清同治、光绪年间制壶名家，宜兴人氏。善纵意摹古，心有通会，敬慕陈鸣远、陈曼生等前辈，得制壶古法，品位高古，技法超群，并擅制紫砂文房雅玩、花插

花盆等书斋实用器。

传世名壶有：木铎壶、博浪椎壶、钟式壶、软耳提梁壶、提梁壶、三足周盘壶、石瓢壶、秦权壶、椰瓢壶等；传世文房雅玩和生活实用器有：水丞、笔筒、案头缸、砚台、印泥盒、笔洗、高足供盘、高足供碗、高足杯、盖碗、大烟锅及各式大小花盆、赏瓶等。王东石与何心舟共筑玉成窑时，常与心舟合作并请心舟为其镌刻壶、器等作品，并改名东石，常见印款有：胜长、东石、有石、石窗、阳羡王东石、苦窳生作、石岭山馆、寿石山房、石窗山房、东石麈泥细制、阳羡王东石摹曼生壶等。王东石与任伯年、胡公寿、徐三庚等同好时常合作，常用自谦之印"苦窳生作"，是由上虞金石书法篆刻家徐三庚篆刻。

王东石紫砂作品风格突出，不乏自然随性的情趣，极具文人审美眼力。所制同式壶型与心舟截然不同，点、线、面处理手法自出机杼，嘉趣不尽。东石早期与紫砂名家金士恒有合作，金士恒师承瞿子冶，既工于砂器创作又擅长单刀陶刻，被日本誉为"陶业祖师"，是公认的将紫砂技艺向海外传播的第一人。两人合作的四方花盆，器身三面节录汉司隶校尉忠惠父鲁君碑铭，其中一面刻有金士恒题铭："乙亥秋桂月，余由苏至荆溪与友玩青龙山，芙蓉寺居之，其山之上，松篁银柏，峰水鱼禽，诸多名迹，真散人所居之处也。余在山无事，消遣而作式，嘱友东石制沙盆与花，乐刊金石而根存。彭城营墨军金士恒题作。"花盆整体气韵自然、古朴文气。另有东石早期所制"墨壶"底款的石瓢小壶，容量不过百，小中见大、造型隽秀大气，工艺精微巧妙。壶身刻有竹叶图，画面生动活泼，刀法自然老练，妙趣横生。另一面镌铭文："壶摹前应绍，篁修今墨军。瓯成于东石，壶隐寿眉君。"为石瓢中难得的精品，被业界视为"小瓢王"。

这两件东石早期和金士恒的友善之作，与玉成窑的创建发展有千丝万缕之关系，可称为玉成窑的滥觞之作。甬上藏家逸庐主人馈赠东

晚清 王东石早期制圆珠壶

底款：胜长

底款：阳羡王东石制

墨壶底款金士恒书并画东石制石瓢壶

石制软耳圆珠壶，底款为"胜长"篆书小印，此为东石早年用印，参与玉成窑砂器创作后，再未见其使用此款。此壶造型扁圆古朴，浑厚稳重，造型和技法具有典型的东石风格，与他后来所制玉成窑壶器如出一辙，是东石早年的经典代表之作。

文人紫砂的铭文美、书画美、镌刻美还有造型美，从表面理解相对容易交流，但对它的境界内涵、气韵文雅，很难讲得具体，因为审美力的不同会造成见仁见智，多半只能靠自己感觉意会。王世襄先生在《明式家具研究》一书中总结品评明式家具的十六品：一、简练，二、淳朴，三、厚拙，四、凝重，五、雄伟，六、圆浑，七、沉穆，八、秾华，九、文绮，十、妍秀，十一、劲挺，十二、柔婉，十三、空灵，十四、玲珑，十五、典雅，十六、清新。这"十六品"，均可在紫砂古器造型上寻觅感受到，值得紫砂人学习与借鉴，但不可只停留在字面的了解。如东石制玉成窑文房小水丞，三足半圆造型，具备王老说的简练还有圆浑等特点。造型小中见大，大气不凡，把它拍照图片放大依然可见玲珑精致有力度，口圆内翻线条工艺自然委婉，器型的直径与高度、上圆口直径与底部直径、三足圆直径与底部圆直径、三足的厚度与整体高度结构比例合理，器身弧面线条变化亦合理自然，整体传达美的视觉享受。小中见大、造工简练，每一细节处均处理的干脆利落、规矩自然，整体呈三足鼎立状，沉稳简雅。泥料窑烧到位，紫色皮壳坚实，上手玩赏爱不释手，不啻珠玉。器身有胡公寿刻写赏石一枚，旁题"勺水卷石"，布局设计巧妙，画面古韵生趣。玉成窑文房雅器为紫砂增添不少艺术情趣与创先的品种样式，值得吾辈继承学习发扬。

1989年，我国台湾地区发行了以紫砂茶壶为专题的邮票，其中有一张名为"曼生十八式黄泥壶"，实为玉成窑东石制苦窳生作款扁石壶，壶肩钟鼎文铭为："东石作壶其永宝用。"壶身镌刻钟鼎文："阳作宝鼎，孙子（子子孙孙）宝其万年。"正楷落款："愚园主人清玩。"

壶把款"东石"

铭文镌刻娴静古雅，造型典雅朴厚。另有玉成窑任渭长写双龟图东石制石窗款博浪椎壶，形制造型、细节手法泥料质感与心舟制博浪椎均有不同，平嵌盖浑圆，壶身绘刻双龟图，左刻："金吉金有此本，渭长。"

渭长即任熊（1823—1857），字渭长，浙江萧山人，清代晚期海派著名画家，曾在宁波卖画为生。与范湖居士周闲、文学家姚燮友善，任伯年是他弟子，与弟任薰、儿子任预、侄任伯年合称"海上四任"。另一件东石制博浪椎壶高截盖，壶刻铭文："与其铁为之而误中，何如陶成之而适用。石窗山房制，山农铭又刻。"铭文为赧翁所撰，山农题写并镌刻。两件造型均气度饱满、圆润有张力，比例、细节都刚好，手法精巧。

第四章 ◎ 玉成窑的工艺特色

玉成窑是专事文人紫砂器的窑口，被视为文人紫砂的代名词。清代末年甬上文人墨客缘结紫砂，挟己长以造物，寄文情以写趣，把自然之妙丽，借一壶一器传布于后人，并引导和影响了后人的艺术创作和生活的闲情逸趣。文人紫砂的发展与兴盛，离不开文人墨客群体的倡导和参与。故有"半瓦神泥也逐鹿，延年本是人间福。壶痴骚人会浙宁，一片冰心在此壶"的说法，可见彼时文人对紫砂的幽妙意趣。玉成窑虽不在宜兴本地，但砂器用泥、陶艺技法、窑烧、造型设计都继承了宜兴紫砂传统正脉，制壶名家之一王东石即为宜兴本地人氏，见其常用印款为一枚"阳羡王东石"方章，而文人墨客的参与为紫砂工艺灌注了审美意趣与艺文内涵。玉成窑实际上是文人托物抒志的一个道场，因而他们创作的紫砂品类众多、造型俊美，人文丰富，又以文人的思想精神为主体，在壶、器上契入诗文、书法、绘画、印款、镌刻等元素，使壶、器更见文心，更觉高美，透射出文人自身不执不俗之境界及不落尘嚣之风骨。玉成窑对选料练泥、造型设计、窑烧等方面都有特定的要求，体现出晚清文人紫砂自身的特点。除此之外，他们赋予紫砂器型的多样化和艺文内涵的趣味化，形成了一个时代的文化烙印，使紫砂艺术创作走向巅峰，并由此风靡沪甬两地。从传世的每一件作品来看，虽味不一而道相同，均可触摸到玉成窑紫砂器深远的时代脉络和强烈的艺术情感，因此玉成窑可以说是清代活跃于甬上的一种文化现象，玉成窑制壶造器的工匠精神和文人诗书画刻的殊妙结合，使得紫砂文化真正成为中国传统文化中一种不可或缺的艺术表现形式。通过遗存至今的玉成窑紫砂壶器，我们大致可以从以下几个方面管窥其紫砂工艺特点。

第一节　泥料、制作与窑烧

　　除宜兴以外，浙江长兴、杭州、宁波等地也发现有紫砂矿料，但质地会有不同。据各种实物考证，玉成窑紫砂器采用宁波本地紫砂矿料与宜兴紫泥为主。紫砂是制作壶、器重要的原材料，对文人紫砂艺术来说，泥料、制作手法为重要的基础。文人紫砂的核心是诗文书画与造型艺术的自然结合。紫砂是一种特殊的陶土。紫砂器是介于瓷器和陶器间的一种炻器。紫砂矿料形成于2亿～3亿年前，主要矿物成分为水云母，并含有不等量的高岭土、石英、云母屑和氧化铁等。目前发现陶土矿床中面积最大的一座综合性陶土矿床，是宜兴丁蜀镇黄龙山陶土矿床，清代吴梅鼎编写的《阳羡茗壶赋》中有"砠白砀，凿黄龙，宛掘井兮千寻……"记载了陶土的开采，在明清时期开采陶土已成为宜兴丁山、蜀山一带乡民在农闲时的副业。

　　紫砂矿料以宜兴丁蜀镇黄龙山出产最著称，一是紫砂的蕴藏量大；二是陶土种类多，色泽丰富；三是陶土的稳定性好，烧成温度范围宽，结合力强，整体性能较为优良。20世纪50年代末至90年代末，宜兴陶瓷原料总厂先后开采了1号井、2号井、3号井、4号井、5号井，后为了保护不可再生的稀缺资源，大概在2003年底黄龙山所有矿井全部停产开采。

　　紫砂是一种较为独特的天然矿物或岩石，之所以称为"紫砂"，是因为其有"紫"有"砂"。"紫"是指紫砂原矿中百分之八十为紫泥，紫泥是紫砂矿中最早开发利用的矿料，"紫"也是紫砂器最普遍的色泽。"砂"是指紫砂原矿中形成的砂质团粒结构，这是紫砂矿料的最大特点。紫砂的基本矿料为紫泥、红泥、段泥三种。

紫泥是紫砂陶土三大泥类中最主要的泥料，位于甲泥矿层中上部的夹层中。原矿呈紫色、赤褐色、紫褐色、暗褐色等，烧成后则呈栗色、褐色、猪肝色等。现紫泥中比较知名的紫泥矿料有底槽青，又称底皂青，原黄龙山矿区4号井、5号井均有出产。清水泥和红皮龙，也都是较为常见的紫泥矿料，还有青灰泥、红麻子、红棕泥、黑墩头、乌泥、黑星土、紫茄泥、土骨等。

红泥是泛指紫砂制品烧成后，外观色泽呈红色的一类陶土，"红泥"之称，最早出现于民国的《阳羡壶图考》，把红之深者称为朱泥或朱砂，浅的称为红泥。按其性能，如耐火度、收缩性等来分，大致分为嫩红泥、朱泥、小红泥和老红泥等。矿料有朱泥、鹅黄朱泥、紫朱泥、大红袍朱泥、赵庄朱泥、小煤窑朱泥、朱砂、小红泥、本山红泥、赵庄红泥、洑东红泥、老红泥、降坡红泥、大红泥、紫红泥、石黄石红等。

团山泥为"团山"所产之泥，最早称"老泥"，后称"团泥""团山泥"，简称"团泥"，又因"团"和"段"，在宜兴方言中读音相同，故"团泥"又称"段泥"。明代周高起《阳羡茗壶系》记载："老泥，出团山，陶则白砂星星，宛若珠琲，以天青、石黄和之，成浅深古色。"从陶土的性能上来看，团泥大致分为两类：一为产于黄龙山之外的白泥类的段泥，此类段泥主要为白泥和米黄泥；另一为产于黄龙山的团泥，此类团泥和紫泥层紧贴在一起，或多或少地受到紫砂层的影响，为紫泥和绿泥的共生矿。矿料有本山绿泥、芝麻段泥、白麻子泥、老段泥、米黄段泥、梨皮泥等。

玉成窑紫砂器给人第一印象是文秀典雅的气质。优秀的紫砂作品首选是造型，但对泥料的选择也十分讲究，泥料是作品非常重要的基础。一款质地优良并适合的泥料可提升器型的视觉效果和赏玩手感，对茶汤色香味的提升及壶身包浆的泡养都有明显的帮助。要将紫砂泥料烧出满意的色彩和质感，不仅要选对矿料，还要掌握练泥、制壶、窑烧等每项过程。在整个紫砂器的创作过程中，首先是挑拣选择合适的优质原矿，矿料要长时间露天堆放贮存风化，经风吹雨淋日晒冰冻的洗礼，让内含物质充分均匀氧化，部分碱金属与碱土金属盐类能溶解于水中后被雨水冲走。矿料经风化会自然松软，练泥时再粉碎成小碎粒，去除老甲片和铁质、杂质等，用天子石做的传统石磨研磨、筛选出需要目数的泥粉，倒入陶缸加适量的水拌匀并静止成泥块，放置慢慢"陈腐"。陈腐的目的是让泥料组织更致密，增强泥料的可塑性。古人练泥制壶讲究顺其自然，顺着泥料的自然天性去处理，从明代晚期开始就有泥配泥的传统调配技法。用泥前再将生泥铺在泥凳上用木榔头反复锤炼制作坯体用的熟泥，用手工揉成泥块，放置阴凉潮湿处进行慢慢养土。泥料练就后，制壶造器手工的过程及窑烧对其产生的质感效果也是关键，玉成窑泥料的颗粒目数一般都为40～50目，但也有个别情况，譬如玉成窑博浪椎壶，颗粒明显较粗，为二三十目。玉成窑传世古器常见色泽有嫩致若橘皮的黄色，也有常见的深、浅紫色，红紫色等，色彩丰富多样，经复烧试验及经验判断，原料以紫泥为主。

玉成窑壶器品种颇多，采用宜兴紫砂传统手工成型技法。玉成窑成型手法有"拍身筒"与"镶身筒"两种，在泥料经打泥条、打泥片，拍身筒和篦身筒等成型流程中，十分注重"泥门"的掌握。泥门是指壶身泥料颗粒分布的致密度或者说松紧度，泥门松紧以自然为佳，俗话说要把泥料拍"活了"，便是如此。壶坯整体成型后，壶坯表面用明针压光，让坯体表面均匀光整，让砂质颗粒清晰自然饱满而有层次感。根据泥料质感和烧结温度的不同去控制柴窑烧成的温度、时间等，最后窑烧。

紫砂历史悠久，窑口众多，传统的柴窑有龙窑、馒头圆窑（又称龟背圆窑）。目前，宜兴遗存的紫砂龙窑仅剩一座前墅古龙窑，全长42米，始建于明代，现已被列为省级文物保护单位。过去紫砂柴窑烧制温度的掌握，是全凭烧窑师傅的经验。一年四季，天冷天热，天干天湿，对窑内温度气氛会产生不一样的变化，需经验丰富的烧窑师傅准确掌握，否则很容易造成大量残次品，因此高档和精细的紫砂器，大多在小型的柴窑中烧成，清中期曼生紫砂应该出于小窑口。小型圆窑占地面积小，筑建简单、易烧、易掌控，温度火力气氛可控性强。玉成窑采用宜兴紫砂窑烧技法，选择圆形小窑即是基于这个原理，用小窑专门烧造艺术精品，精益求精。

玉成窑继承宜兴窑烧传统工艺，采用小型馒头柴窑烧成。紫砂柴窑烧以本地干燥后的松木杉树等为燃料，窑温一般在1200℃以内。烧成步骤为装匣钵、装窑、预热、升温、恒温稳烧、降温保温、冷却、出窑等过程。从装窑至出窑，需要5～6天，过去的柴窑烧成全凭人工经验，窑烧的技术要求高，相对不易控制，器物烧成稳定性相对弱并存在很多不确定的因素，正因如此每件紫砂器都会呈现出不同的质感、色泽。因柴窑烧提温缓慢，烧成时间长久及还原气氛效果，使紫砂胎内外结构烧结均匀通透，紫砂壶透气性更明显，发茶效果好、皮壳更温润，泡茶泡养效果更佳。

不同窑温气氛烧结后同款泥料会呈现出不同的色泽、质感。也见有玉成窑存世品颜色较嫩偏黄，但细看表面皮壳光润如玉、色泽多样，皆因柴窑烧成温度不稳定而导致泥色出现各种自然的变化，此无意而为之却形成了玉成窑紫砂泥色之特点。紫砂壶的宜茶性，是因为紫砂烧成后在光学显微镜下观察，发现有两种不同气孔：一种是包裹在团聚体四周的石英、黏土等矿物与团粒之间构成的链状气孔群；还有一种是团聚体内部构成的微细气孔，是团聚体内部各矿物之间在烧结过程中，因收缩不同等而构成很多的微小气孔。因这两种不同气孔产生的双重气孔布局结构，才使紫砂壶具备明显、良好的透气性，同时又有蓄热保温之功能，即散热缓、受热均匀之特点。使紫砂壶泡茶拥有两大主要功能特点：其一，有别于一般陶土，泡茶无土气味，既不夺茶香，又能保持或提升茶汤的香气、汤色、口感，无熟汤气。其二，紫砂经高温烧透后，耐冷热急变性好，其质感坚结、色泽纯正、颗粒丰富，愈泡养愈润泽，泡茶的口感亦愈好喝，日久形成自然之包浆，更古朴、温润，上手赏玩爱不释手。因此，紫砂壶被古人誉为"世间茶具称为首"。玉成窑文人紫砂采用的紫泥矿料、窑烧工艺固然至关重要，但它们只是基础，真正凸显出强大艺术魅力的是那个时代文人的文化修养、人文精神和审美品位，玉成窑文人紫砂是造型艺术、诗书画刻和审美情趣殊妙结合的艺术瑰宝。

第二节　铭刻与刀法

　　玉成窑紫砂器身的铭刻技法是在前人常用的双刀等技法上加以变化，基本采用双刀挑砂、双刀清底相兼的方法。双刀挑砂法是采用双刀正入刻出双边，用刀尖将多余泥料自然有序或琢或挑而形成自然底，使线条的两边光洁明快，书法的笔画呈现出既流畅又工整的效果；双刀清底刀法是采用两边用正刀刻边起底，使两边自然光洁形成自然底，这是常用于边款和偏小字体的刀法。紫砂壶器的表面大多有各种弧度及斜度，镌刻布局相对平面更有难度。细观赧翁铭各式砂壶，创作时对书体的选择、字体的大小、字体的疏密排列，整体布局等，均与壶型自然合配，整体浑为一气，尤其铭文书法镌刻的细微处变化多端，刀法运用自如，立体感表现力强。玉成窑文人紫砂镌刻与传统篆刻艺术有所不同，采用的刀具也不同，紫砂镌刻使用的是陶刻三角斜刃尖刀，而篆刻一般使用的是平口刀具，两面开刃，所表现的艺术效果同

晚清 玉成窑艾道人摹 东石制 心舟刻木铎壶

中有异。但无论是镌刻还是篆刻都需要过硬的书法功底，用刀才能掌握书法的笔意。吴昌硕曾说过：篆刻要好，写字顶要紧。写字主要是学篆书，篆不好，印怎能刻好呢？吴昌硕治印时，以书入印，又以绘画的章法原理，借以印面布局。玉成窑紫砂器铭文书法与绘画的布局，借鉴于明代竹刻和宋元绘画，书法笔画与线描绘画基本采用阴刻的方式，通常表现出深浅浓淡的效果，其镌刻的最大特点是运用娴熟老辣的刀法，着重刻出紫砂器身上题写的书法和绘画所具备的笔意墨韵、金石韵味等形神风貌，刻刀随着书画线条节奏的变化而变化，刀中有笔，笔中有刀，刀笔相融、淡笔浅刻、浓笔深刻，每一点的细节表现包括一根细小的书法牵丝都是细致入微地表现出来，却不留刀刻的刚硬痕迹，保持了原作的笔墨韵味和书画线条的变化，运用各种刀法精妙地表现出原本的笔意。玉成窑镌刻与篆刻艺术的相同之处是通过运刀传达字法、章法、笔法以及作者所要表现的情趣，体现出刀法、笔法、笔墨及金石味等综合效果。

玉成窑文人紫砂铭刻，继承了明末和清中期紫砂铭刻的优秀传统但又有了明显的发展，整体线条的表现、笔法的细微变化比明代和清中期更加丰富，尤其是镌刻的钟鼎文字，极具金石韵味，运刀如笔唯见笔墨，把铭刻艺术推向了一个新高度。在镌刻刀法上，玉成窑的镌刻技法突出铭文的立体表现力，与壶型一气贯通，相得益彰，既表现出了书画笔墨的自然真趣、典雅别致，又散发出金石古气，增强了古为今用的艺术感染力。玉成窑铭文镌刻的首要前提是尊重书画墨迹的线条笔势、力量，提按、疾徐、顿挫、转折等而不失真，因此，玉成窑的这种镌刻刀法和表现手法被后人奉为紫砂镌刻之圭臬。

晚清 玉成窑赧翁铭 心舟制秦权壶

晚清　玉成窑袖海铭歪嘴椰瓢壶（天一阁博物院藏）

晚清 玉成窑佐君铭东坡提梁壶

晚清 玉成窑琴隐摹砖纹花插

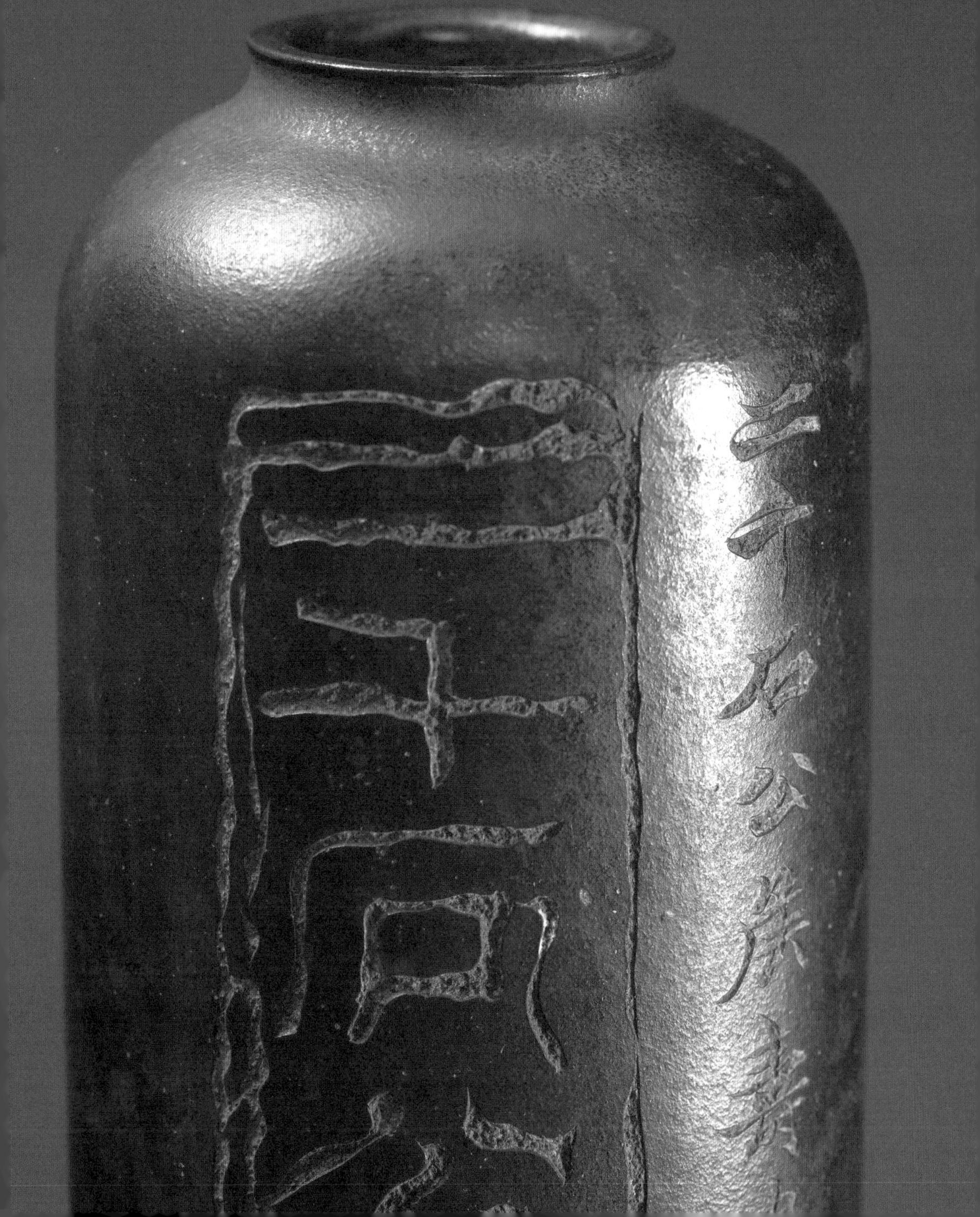

酒渴夜窗君清香聞客渠范湖词意

晚清 玉成窑范湖
（周闲）铭 东石制三
足炉鼎紫砂盆

第五章 ◎ 玉成窑的鉴赏

品赏了解玉成窑文人紫砂，须了解创作者当时的文化历史背景，对作品表达的内涵和意境要有所感知。文人和艺人是塑造玉成窑文人紫砂的基本架构，他们有自己对诗情画意的理解，有各自的学养特色、审美品位和艺术情感。通过合作制壶造器，展现出作品隽秀文雅的气质，形成了鲜明的玉成窑风格与特色。现今玉成窑传世古器主要集藏于南京博物院、上海博物馆、香港中文大学、宁波博物院、天一阁博物院等文化机构与民间的藏家手中。

第一节　茗　　壶

　　器物之造型是相应历史阶段留下的时代烙印，亦是所处年代的一种审美情趣，不同时期有不同型制的风格和气韵。茗壶是玉成窑文人紫砂中表达自身思想的主要语言，可呈现出各家韵趣和审美之不同。玉成窑传世紫砂茗壶有：汉铎壶、木铎壶、椰瓢壶、石瓢壶、半月玉璧壶、钟式壶、周盘壶、柱础壶、博浪椎壶、秦权壶、匏瓜壶、汲直壶、横云壶、井栏壶、圆珠壶和各式提梁壶及盖碗等。玉成窑壶型均讲究合用，虽然文人紫砂不以一味追求工艺极致为乐趣，但却讲究器形的古雅秀气、素净自然，以及运线的流畅与韵律感，于细微处可见优美之变化和工匠之精神，融入诗文书画，更耐人寻味。

一、晚清·玉成窑赧翁铭石林何氏款心舟制
东坡提梁壶

提梁壶有软耳提梁壶与硬提梁壶之分，硬提梁壶有单环提梁、三叉提梁，明清传世经典三叉提梁壶比较少见。玉成窑存世东坡提梁壶（又称石铫壶），目前发现真品有十余件，所见造型各异，如造型相似铭文亦会有区别。每件器物各有巧思，独具一格，实为难得，为何心舟扛鼎之作。目前玉成精舍藏有三件，诗文、造型、规格都有不同，的子（盖钮）有桥钮与瓜柄钮。此赧翁铭提梁壶，设计简巧虚空，圆融端庄，精气神十足。桥钮壶盖圆厚，壶身饱满圆润，双手抚摸壶体能感觉到一股气力，表面皮壳温柔有玉感。壶身与三叉提梁结构布置浑然一体，像是自然生成。左右两根前提梁由一根粗细均匀的圆泥条居中弯折，平分暗接壶身，形成刚健道劲之势。居中的后提梁线条微微起伏变化灵动自然，由上而下缓慢变化中带有节奏感，含蓄内敛犹如行云流水，与搭接的两根前提梁形成一静一动、刚柔相济的分步处理，整体像是从匏型壶身生长出的三根枝条，充满生命力。中间提梁握提部位手感舒适、重心稳定。壶身的壶嘴顺势弯曲成形，短小的壶嘴线条圆转变化自然有劲，与壶身的饱满张力形成视觉反差，壶嘴精致可爱。壶型整体予人浑厚典雅、柔中有刚、通体灵动之感，可以想象当时作者在创作时的那种胸有成竹、自信愉悦、一气呵成的感觉，实为难得的传世经典名作。

壶身书法文字篇幅较长，布置错落有致，字里行间骨力道健、古意朴厚又超尘脱俗。铭文内容："量力学东坡，学得东坡小。一样铫煎活水茶，吃吃无人晓。到底学坡难，且学周穜好。

若有人似长公，我亦千年了。"

　　此壶铭较具书卷气和文人风范的传世壶铭。苏东坡为北宋著名文豪，豪放派词人代表，唐宋八大家之一，世人尊称"苏长公"。历史上罕见的全才，与茶酒结缘终生，题咏茶诗近百首，对茶叶功用、饮茶方法、茶树栽培、茶叶加工深有研究。学识广博，尤精于品赏茶的美观之道，并引茶入诗、入词、入文。历代文人墨客视东坡为一座不可逾越的高山。相传提梁石铫壶为东坡所创。"量力学东坡，学得东坡小"是赧翁对坡公的敬仰之言，也是自谦之词。于茶而言，世上千年，几已无人可与坡公相颉颃。纵然倾力学坡公，学罢只得其点滴，虽铫无不同，茶无差别，但"到底学坡难，且学周穜好"。周穜，字仁熟，北宋泰州人，神宗熙宁九年进士。因坡公举荐为郓州教授，与坡公有同道之谊，制石铫赠予坡公，深得坡公喜爱并赋诗《次韵周穜惠石铫》，赞扬石铫器身经创新而更适合煮茶。清乾隆年间，仪征尤荫得此石铫并进呈内府，由是广写石铫图，以赠道友，传播遐迩。图中石铫形制别具心裁，聚气如神，曼生据此又改进为用于"泡茶"的提梁茗壶，可见宋人周穜虽不精于茶艺却擅于创意茶铫。赧翁以为学得周穜制铫之好，也能行美茶之事，达到物我无二、器人合一的境地。此玉成窑赧翁铭提梁壶，不是简单的泥坯抟制与题铭的堆砌，而是作品整体和谐的节奏与人文思想的共鸣。书法镌刻典雅洒脱，笔墨秀气，壶铭中蕴含了丰富的人文历史、茶器茶事和中庸之道。既与器型主题相契合，又塑造出对铫啜茶、论器说道的意境，表露了文人豁达不迁的处世思想，可谓是经典的"切器""切意""切茶"壶铭之作。

晚清 玉成窑赧翁铭石林何氏款心舟制东坡提梁壶

二、晚清·玉成窑赧翁铭石林何氏款韵石制椰瓢壶

存世经眼过的玉成窑何心舟、王东石制歪嘴或直嘴椰瓢壶有十多件，以心舟制居多。宁波天一阁博物院藏有一件徐三庚铭石林何氏款心舟制歪嘴椰瓢壶。见有王东石制椰瓢壶，绘刻胡公寿画石，另有"仿鸣远制"书刻，可见椰瓢壶造型与鸣远有关，具体需进一步考证。以砂捏制椰壳外形，紫砂史上鲜见。此椰瓢壶型逼真生动，上手便能明显感受到壶身内藏张力。壶表面摹制椰壳的三条筋纹由壶盖顶部至壶底，纹路肌理清晰自然。壶盖为双层中空设计，模仿椰壳镂空三眼，壶盖与壶身三条筋纹随着盖身吻合而紧密接连。细观其盖上三眼和整体三条筋纹，是用陶刻刀与制壶工具一气而成，用刀娴熟巧妙。壶把创意独具一格，作三叉横式，上端弯折的弧形三角形微微下弹，三角居中与下方弯曲线条相接，整体造型像横卧的三叉提梁演变而来。壶把线条弹性有力，使用时拇指扣盖，两指分开握把抱壶，两指托底，正好将整只壶抱于双掌中，大小适宜，据传此壶为靠在罗汉床、摇椅上单人啜茗而作。整体造型自然天趣，构思巧妙，形神俱备如才子文士，交往愈深愈能感受到它的品位与内涵。壶身铭刻安静典雅，铭文："吾岂匏瓜乃酒之家，于阳羡美人而户于茶。赧翁。"此铭文与壶型对不上，不知何因。

此铭文中"吾岂匏瓜"出自《论语·阳货》"吾岂匏瓜也哉，焉能系而不食"，意为我岂能如匏瓜中看而不可吃用。赧翁借用此语，表明自己虽是一介布衣，清心素怀，然非匏瓜之类，自能见机而作。如同阳羡之人，自然会归户于茶，反映了赧翁的真情实意和文人的高雅情操，为识者所喜爱。

晚清 玉成窑赧翁铭石林何氏款韵石制椰瓢壶

三、唐云旧藏晚清·玉成窑赧翁铭林园款钟式壶

　　此壶最好地诠释了紫砂造型艺术上的大道至简。至简不是一味的简单，它是取舍得当，不多不少刚刚好，恰到自然妙境，形神兼备。钟式壶如青铜之钟，高古朴拙、沉穆素雅，安静中带有力量。壶体泥质颗粒丰富自然，泥色深褐似铁，烧成温度相对到位。整体线条有节奏的变化，以一气贯通、阴阳虚实的高超造型手法，创造出一种古拙典雅、安静高古的审美格调，与汉铎壶有异曲同工之妙。细赏壶身结构细节，壶钮与壶身形式、比例恰好，壶型的高度与上下直径比例协调，造型古拙厚重。壶肩部位之圆弧线条变化平缓圆润，骨肉筋节，线条带着力量顺势下走外撇，产生壶身的敦厚感。短小的壶嘴似锥形，线条从根部往嘴口缓缓渐缩，至嘴口稍作停顿向外微撇，让壶的整体气息顺着点、线在壶的嘴口瞬间含住，犹如书法的藏锋，给人以含蓄沉着、浑厚凝重之审美感觉，壶嘴长短粗细和线条的走势变化与壶身有序协同。壶把有节奏的弯曲如耳形，让古拙端庄的壶身静中有动增加灵动性，有静听山中传来悠悠晨钟的意境。从此壶可以深深了解到心舟对造型艺术、线条的变化已达到纯熟完美的境界，像八大山人画画用笔极简练，但腕力千钧。上刻赧翁壶铭"以钟范，为壶用。璧团茶，上有凤"，诗文隽永生动，切器切意切茶，书法飘逸典雅有古意。如果我们将宫廷紫砂比为工笔画，文人紫砂就是写意画。宫廷紫砂象征着繁华富贵与极致，如能读懂文人紫砂，你能感受到作者在作品中的情感归宿，它是一种文化积淀与艺术修养的体现。

　　作者借鉴古代青铜钟形创作茗壶，有"洪钟发长夜，余响绕千峰"之意。"璧团茶，上有凤"泛指香茗好茶，"团茶"是宋代

唐云旧藏晚清 玉成窑赧翁铭林园款钟式壶

鸣皋同志：

今寄来兰腊半雄带来红茶一斤、茶炉一具，收领，谢……气味佳，承选佳。红茶难得，味厚兼有绿茶之清香，此茶可与广东英德所产茶相提并论，此茶产于广东时必产着，特煮上青山气蕴并美。道此茶至广东时必产着，特……别于他处，今得一方培种，特工焙制，将动名国内外也。前托顾老配壶盖，动手否。想其很忙，不便催促，有便乞为致意。

匆此，专复，即候

进步……

唐云 五月廿八日

唐云书信鸣皋并托其问景舟配壶盖一事："前托顾老配壶盖，动手否？想其很忙，不便催促，有便乞为致意。"

一种专供宫廷饮用的小茶饼，产自建安，今建瓯市境内。茶饼外形如玉璧，印有龙纹或凤纹，故有"龙团"和"凤团"之别。宋徽宗《大观茶论》赞其"采择之精，制作之工，品第之胜，烹点之妙，莫不盛造其极"。一把钟壶泡一壶上等香茶，就如宋人周邦彦所诗"闲碾凤团消短梦，静看燕子垒新巢"的生活美感随之而来，给人描摹出闲适自在的意境。此铭反映了清代玉成窑文人所追求的清闲安逸，悠游自在的生活情趣，由此可窥见赧翁精神世界之一隅。

四、王度旧藏晚清·玉成窑赧翁铭曼陀华馆款汉铎壶

第一次见此壶的时间忘了，但当时的场景一直印在脑海，记忆犹新，感慨颇多。汉铎壶器形源于汉代之铎。玉成窑以汉铎之型为今之壶，壶型线条之神气是基于周、汉金石之古韵，更得周、汉青铜器线条"激而失于屈典，渐变为柔之曲线，于是线之鬼气，随以减退"之精髓。日本学者金原省吾对中国三代铜器的线条极为崇尚，曾言："周之铜器，为最古遗品之一。吾人能于此铜器之上，见出一种最古之线——沉而压多，细而尖，速度小，沉痛明晰如念及'眼痛乎'之尖锐之线也。"[①]而这把汉铎壶全身的线条具备了周、汉铜器的特点。汉铎壶的泥色、质感也是接近前面介绍的赧翁铭东坡提梁壶，色泽鲜丽古蕴，温润如玉。纵观心舟制壶，壶型简雅厚朴，对壶体的直径与高度比例掌握都恰好到位。壶身比例对造型塑造尤为关键，直径与高度比例差一点，效果会完全不同。心舟谙熟此比例关系，所制均有敦厚大气的视觉效果，忽然感觉艺术创作需要靠人的天生灵性与悟性，历

---

① 《唐宋绘画谈丛》，第135页，2016年8月，上海书画出版社出版。

史上传世留存的经典之作屈指可数，能遇到真是三生有幸。此壶上收下放，嵌盖桥钮，"n"形壶钮简练有力，近末端略粗外撇，与壶身形状同气，有画龙点睛之效果。手摸壶身呈"s"形，节奏变化一气呵成，可能也有一点窑烧的影响，总体上符合玉成窑造型规律。壶底处理最有特点，不是平底也不是圈足，而是细小均匀的圈线。简练、灵巧，使底部平面增加层次感与实用性，细微处可见作者用心及考究。

汉铎壶的直嘴与圆弧三角形壶把的形制，是何心舟独创的审美特点。壶把置于壶肩至壶腹下，布置两点的位置准确、距离合理。壶把端拿平稳，舒适有力，与壶嘴左右平衡匀称，线条、气息连贯。壶把外圆内平，圆润通力，从壶身上端暗接胥出，从下往上走线，略弯弓转折顺势下走。壶把呈三角形式与圆弧结合体，稳固圆融，线条变化流畅，刚柔并济，每一个点与线条转折变化拿捏准确，真是细微处均有变化之美。上掌品赏，能感受到整体气韵所传递出沉稳力量。壶身铭："以汉之铎，为今之壶。土既代金，茶当呼荼。"

铎，即是大铃。古代军法五人为伍，五伍为两，两司马执铎，此见《说文》。《三礼图》云："铎之匡以铜为之，木舌为木铎，金舌为金铎，振之所以宣教令者也。"汉代经学家郑玄注："古者将有新令，必奋木铎以警众，文事奋木铎，武事奋金铎。"汉铎为盛行于汉代的一种青铜乐器，喻作智者先声，引领方向，所谓"文事奋木铎，武事奋金铎。"春秋儒家学派创始人孔子以文载道，传播德行，教化大众，被尊奉为"天之木铎"；古代贵族常把青铜铎视为醒世铃音的重要礼器。正因为有如此的寓意，此壶作者取汉铎之形，以泥代金，创制紫砂汉铎，从而物物相生而玉振金声。称茶为荼，乃物物互化而两者同源。此铭点出了壶型的出处，并传递出泥、金、茶、荼不同的物像，差别是相对

王度旧藏晚清 玉成窑赧翁铭曼陀华馆款汉铎壶

的，在根本上是完全一致的庄子物化思想，这正是玉成窑汉铎壶的寓意所在。

五、唐云旧藏晚清·玉成窑赧翁铭曼陀华馆款柱础壶

壶型灵感源于江南古宅建筑中屋柱下的基础石。为使落地木质屋柱不潮湿腐烂，在柱子脚下垫上一块柱础石，使柱脚与地面隔离，起到防潮及加强柱基承压力的作用，故名"柱础"。江南一带的潮湿雨天，柱础表面会渗出潮气，民谚称"础润而雨"，意为天将要下甘霖，虽说是自然之现象，也较奇趣。赧翁因此以柱础为壶型，用注茶壶润的方式，表示啜茶解渴，既有生活情趣又遵循天地自然规律，符合古代文人的审美追求。柱础壶紫泥成型，泥色偏浅为橘黄但皮壳坚结，此与窑温相关。平嵌盖，壶钮形与壶身同。心舟制钮讲究形从壶出与壶同气，锥形短流、弧圆三角把。壶把与汉铎、石瓢相似，注重线条的节奏变化与壶身结合的力度。壶把的外围、内圈、两条边线之间的关系与变化都掌握到位。手摸壶把有温柔如玉的质感，这也是心舟审美高超的体现。壶身自上而下大胆外撇，与壶底坡度一气连贯。壶底圆润饱满，壶身外撇成型处理手法较难，拍打身筒受力不连贯容易产生问题，这也是我们制壶人常说的刹凹难度。壶身下端外撇的线条有一定造型审美要求，撇的弧度不够会僵硬不自然，撇的弧度过大又会使造型浮飘失稳重。此壶整体点线面组合变化丰富，刚柔协衡，稳健秀雅。壶取柱础之形，造型苍古敦厚、坚挺内敛、线条饱满、精神富有节奏感，达到视觉上的平衡。壶上书法镌刻风格明显，呈现出玉成窑气韵特征。历代名家的紫砂常有仿品，有些真假专家亦难以分辨。而玉成窑历代仿品不多，目前发现几件高仿品为民国时期

唐云旧藏晚清 玉成窑赧翁铭曼陀华馆款柱础壶

造，若与存世开门的何心舟、王东石作品相比较，马上可相形见绌。

此壶壶身镌刻叔翁题写的铭文："久晴何日雨，问我我不语。请君一杯茶，柱础看君家。"朗读此壶铭文，感到轻松谐趣，且伴随生活中的智慧。由发问是否下雨，到吃茶观察柱础湿润的妙答，在饮茶之乐外，更有引人遐想、思索回味之趣。会心犹如迦叶拈花，宾主相欢。江南雨水充沛，在将要下雨的时节，房屋中最接近地面的部件柱础率先感知到了地气的变化，给出了无言的天气预报。叔翁以此寻常之景入诗，窥得超脱于生活表层的乐趣和情致，是文人对日常的观照，别具文心匠意。再者，础润而雨，像极了泡茶时，热水灌注之下，壶身润泽之景；又暗合了"柱础"之型，妙趣横生。铭文既切壶、切茶，又切生活中的情趣意境，这是玉成窑文人壶的文化特征。

六、晚清·玉成窑艾农书心舟刻苦窳生作三足周盘壶

此壶形制扁圆，三足鼎立，做工精巧规整。壶身采用壶底镶接拍打成型，壶盖周边留有细窄圈线并用工具均匀刮成玉璧圈。壶盖是用一块泥片做凹凸变化处理，壶钮与壶身同形呈扁圆柱。壶肩弧度饱满，壶身直面往内微收，壶底圆润有张力，三足似锥，粗细、高矮与壶身比例恰好，安如磐石。壶嘴弯曲刚柔有度，明接壶身与壶把的线条及平面变化一致，壶把扁平有弧度，整体形式呈方中带圆。造型线条多变，快慢节奏掌握得当，自然中见巧变，端庄厚朴，气韵安静古雅，为传世周盘壶之经典。壶肩刻有钟鼎文"东石作壶其永宝用"。壶身铭刻："作宝盘兮饮瓢箪，贮玉露兮云腴餐。艾农书心舟刻。"

此壶以罗盘为原型，暗隐太极，故可称作紫泥宝盘。每逢重

晚清 玉成窑艾农书心舟刻苦窳生作三足周盘壶

大抉择，执盘品茗，一瓢饮，似玉露，一箪食，化腹餐。于清净中观察万象，于感知中品味有形与无形，三思而后行，方能至方至圆。此壶铭采用钟鼎文与汉隶书写，更显古雅。

七、晚清·玉成窑胡公寿铭心舟制日岭山房款石瓢壶

石瓢是紫砂传统经典器型，直嘴、口小、腹宽，发茶舒展、出水流畅、简朴稳重，深受茶友推崇。

据查考最早的石瓢壶应是海上画家唐云收藏的曼生石瓢，壶铭为"不肥而坚，是以永年"，唐公还收藏过一把曼生提梁石瓢，刻壶铭："煮白石，泛绿云，一瓢细酌邀桐君。"这是陈曼生与杨彭年合作的两把石瓢名壶，器形古拙大气，厚朴自然。此后，有子冶石瓢、陈光明石瓢等。子冶石瓢坚挺有力，造型严谨；光明石瓢厚重朴雅，浑然一体。顾景舟与吴湖帆等当代名家合作的五把石瓢，是摹古光明石瓢之造型。曼生石瓢、子冶石瓢、光明石瓢、景舟石瓢，可谓气韵各有千秋。

玉成窑心舟制胡公寿铭石瓢壶形态雅致，壶身线条坚韧有力，平直走线略带弧形，与心舟独创的锥形壶嘴和弧形三角把连贯一气。线条流畅多变，内含刚柔，变化节奏一致，韵律均匀，三足壶底饱满圆润。壶铭"石可袖，亦可漱，云生满瓢，嘬者寿"，与壶型主题殊妙吻合，相得益彰，文化内涵和闲适雅趣更加突出，是石瓢中之翘楚。传世的心舟石瓢有大小规格两件，气韵不分伯仲，均是稀有的紫砂经典之作。

此壶铭文借用漱石枕流之意，向往古代士人的隐居生活。石瓢为小壶，既可袖藏随行，提壶漱口，也可泡一瓢清茗，潭水清清，水流潺潺，烟霞云生，饮者当可长寿。壶铭充分反映出清末文人士大夫向往的一种逍遥生活。

晚清 玉成窑胡公寿铭心舟制日岭山房款石瓢壶

八、晚清·玉成窑心舟制高仕长寿图半月玉璧壶

此壶形似半边玉璧，泥质细腻，色泽暗黄古沉。工艺精巧，用力刚刚好，类似传统半瓦壶、半月壶等之造型，在点、线、面结合处理极具个性，有玉成窑明显审美风格。特别是造型表达的文雅气韵，极讲究线条细节变化。

壶身的半径与厚度比例掌握恰当有度，整体效果沉稳厚重、规正挺拔。壶嘴、壶把、壶钮所处壶身的位置、角度、距离架构布置比例准确到位。壶钮感觉比例偏高，其实刚好，目的是使壶身半圆造型在视觉上往上提升，产生挺拔力度，达到上下平衡。壶嘴装配的位置，要考虑出水的重力点，壶嘴相对壶身比例偏小，与壶把在体积上形成反差，产生张力。壶嘴与壶把上端平面的弧度走势一气连贯，壶嘴、壶身、壶把上端平面协调有规律向内微凹曲，形成平而不平视觉效果，使平面灵动变化而不呆板。紫砂造型如建筑结构，讲究美学也讲究力学，不同部位的大小变化，不同部件的位置装配，会产生出截然不同的造型效果。要根据自然美的法则也要结合独特的审美进行组合，才能达到一种因差距而产生的平衡感，如此才经得起耐玩、细看和反复品味摩挲。底部设计的玉璧半孔，孔洞的处理像是制作玉璧从外至里钻孔而成，使造型增加透视与变化感，如自然生长。壶底为左右两块围边方形底，与整体造型形成圆中生方、平中见圆的艺术传达。壶身绘刻一写意高仕倚靠书籍，极像一枚赏石，左题漆书"长寿"二字，落款："乙未冬，心舟刻。"镌刻干脆利落有笔意，按扇面谋篇布局。人物居中靠右，形象悠闲，画面简约明了。玉成窑人物绘刻表现在文房雅玩、书斋摆件居多，传世茗壶相对较少。

晚清 玉成窑心舟制高仕长寿图半月玉璧壶

九、晚清·玉成窑胡公寿铭周存伯写绘陈山农刻东石制碗莲壶

此壶造型为目前少见，泥色呈黑紫似金属，窑烧温度到位。软耳一弯嘴，嵌盖斜肩，上侈弧腹收底，形如莲蓬。壶肩左右软耳制作精致规整、厚实挺立，圈接铜环提梁。壶体线条变化自然规矩，造型端朴大方，整体气韵内涵，给人一种不求功名利禄，只想归宿田园与诗茶酒为伴的闲趣生活。

壶肩镌刻晚清著名海派画家胡公寿"供春遗制"铭文，壶身为绘刻一根壮硕萝卜，形象意趣盎然，旁落款："归田滋味长。存伯写。"存伯（1820—1875）即周闲，字存伯，号范湖居士，今浙江嘉兴人，海上画派名家，善画花卉蔬果。此壶另有山农与东石印款，为陈山农镌刻，王东石制壶。此壶有造型、书法、绘画形式结合，实属少见，目前发现四位名家合作的玉成窑传世茗壶，还有一件是上海博物馆收藏的玉成窑椰瓢壶。

第二节　文房雅玩

玉成窑各式文房书斋雅玩，均做工精巧、造型优雅，最能体现文人雅士的审美情趣和作品的无穷天趣。其品类之多、工制之精、造型之雅，实为紫砂史上之绝品。传世的文房雅玩有水丞、笔洗、颜料碟、印泥盒、墨汁罐、围棋罐、高足盘、砚台、插屏、托盘、四方水注、鼻烟壶、大烟锅等。

晚清 玉成窑胡公寿铭周存伯写绘陈山农刻东石制碗莲壶

晚清 玉成窑黄山寿写梅花通景汉镜文四方水注

晚清 玉成窑艾农摹阳羡王东石制高足盘

晚清 玉成窑公寿写日岭山馆款瓦当文围棋罐

晚清 玉成窑艾农摹东石作五铢水丞

晚清 玉成窑艾农摹心舟刻苦窳生作盖碗

晚清 玉成窑公寿写"勺水卷石"东石制水丞

晚清 玉成窑造款东石制紫云斗

第三节　庭斋摆件

　　紫砂花盆为玉成窑之常见，有笔筒式、敞口式、椭圆形等。紫砂花盆古朴厚重，有透气保湿的功能，有益于花木生长。历史上精品的紫砂花盆均为贵族将相、文人雅士所定制。古人常常依照心中的"缥缈仙境""琅嬛福地"挖池筑山，栽种仙花神木建造园林，进而"浓缩"美景于咫尺盆盎中，摆于一几一桌之上，品赏于畅想之中，诚然成为生气勃勃的艺术上品。玉成窑紫砂花盆内部口沿接片处用刀处理，自然干脆，不做任何明针，上手都能感受到当时作者用刀的娴熟和速度。自然而然，天趣盎然，好看又耐品，这就是文人的审美，不仅器物技法的考究精致，更讲究自然生天趣。从绘刻艺术角度推崇"任颐刻款高仕纳凉图浑方花盆"，此盆画面构思布局简练，形象刻画生动，主题突出，高仕身着布衣长衫，席地倚靠水坛而坐，撸着衣袖悠闲摇扇纳凉，表情安详清逸，气质温文尔雅，衣纹褶皱以典型的"钉头鼠尾"为主笔勾描，笔力遒劲爽朗，远处的山峦和头顶遮阴的古树采用简笔粗线条，寥寥数刀即笔意尽出。此画运刀舒展，线条旖旎，精准地突出了人物的发髻胡须、五官神态，摇扇的手臂、脱鞋的光脚，人物形象惟妙惟肖，生动传神，镌刻出的粗细线条豪爽挥洒，转弯顿挫充满力度，是玉成窑任伯年绘刻经典代表作，也应是玉成窑文人紫砂书画铭刻中的上品珍玩。

　　已发现的品种有：炉鼎花盆、椭圆花盆、圆形盆、笔筒花盆、长方形水仙盘、菖蒲三足套盆、敞口盆和各式大小赏瓶。

聞交佩解縫

是洛妃來翔岈

欺羅袖朝霜滋

土臺船囪僧句

光緒丙戌秋八月

谿上隙小雅製于

醉后居弟記

晚清 玉成窑山农制 "诗境" 花盆

晚清 玉成窑心舟制并刻壁瓶

晚清 玉成窑虚谷作兰花图东石款花插

晚清 玉成窑范湖居士写佛手有石制三足炉鼎花盆

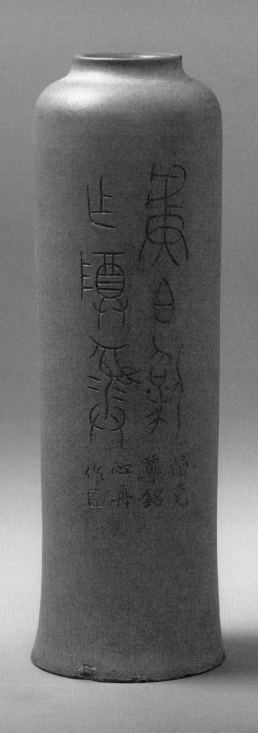

晚清 玉成窑心舟作铭花插

晚清 玉成窑造款山农刻石窗山房制吉金文花插

晚清 玉成窑东石摹李鱓诗文花盆

晚清 玉成窑任颐写高仕纳凉图浑方花盆

第六章 ◎

玉成窑的传承

第一节　传承的意义

　　玉成窑在紫砂历史上占有重要地位，是文人紫砂的艺术巅峰。纵观紫砂发展的历史，玉成窑文人紫砂具有非常重要的文化艺术价值和历史人文价值。清末民初，由于时代的更迭及新文化运动的兴起，一些优秀的传统文化受到冲击，玉成窑也在民国后逐步走向式微，但始终未断。梅调鼎的外孙、留法文学博士、画家洪洁求（1906—1967）延承了外公的文脉，整理收藏了外公的部分壶铭文稿、书法作品和玉成窑古器，与海上画家、收藏鉴赏家唐云等人一起研究创作，对玉成窑文脉的保护和传承起到了很大的作用。

　　之后，又传教于儿子洪丕谟（1940—2005），洪丕谟先生擅多种书体，以行草见长，并创作了近百把紫砂壶，使玉成窑紫砂艺术又获得了新的生命，为玉成窑的推陈出新作出了贡献。洪丕谟先生家传旧藏《周盉图及壶铭》一册，共34开，为后装本，是梅先生为玉成窑亲笔撰写的壶铭草稿，共97则，另还收藏有《梅调鼎紫砂壶铭手稿》真迹11册。

　　洪丕谟先生的入室弟子林琪，号庭农，精通诗文及书法，对玉成窑文人紫砂一脉相承，颇有研究。师生一起以非遗传承基地为核心，带徒传艺，共同撰文书法铭刻，致力于玉成窑紫砂制作技艺的传承与发扬。

　　文人紫砂是随中国近代文明演化发展而汇集造型艺术与金石书画艺术于一体的，反映民族特质和风貌的一种艺术表达形式，是近代文人思想与观念形态总的体现。挖掘和传承玉成窑不仅可以使人们从造物技法与审美上得以借鉴学习，更能增加对紫砂文化特别是文人紫

梅调鼎为女婿洪益三（洪丕谟外祖父）书七言对联

砂的了解，增加对民族优秀传统文化的自豪感。近年来随着经济不断地发展，我们进入了一个文化建设的兴盛繁荣时期，许多濒于消亡的优秀传统文化不断地自觉和兴起，人们越来越热爱这些传统文化散发出的浓厚魅力，越来越重视这些传统文化具备的精神力量，并勇于担当传承和发扬的责任。《周易》上讲："观乎天文，以察时变；观乎人文，以化成天下。"中国远古时代就崇尚尊重天文自然，以察看时节变化，观照人文的传承培养，以达到教化天下的思想。因此，传承玉成窑不仅可以重塑勇于创新和不断进取的工匠精神，掌握玉成窑紫砂器独特的材质工艺、独特的镌刻技法，优秀典雅的造型和富有艺术情趣的气韵，向艺术爱好者传播紫砂与人文相结合的艺术表现形式，更能让大众感受到百年之前文人紫砂所具有的独特文化魅力，使中国紫砂艺术中出类拔萃的瑰宝得以复兴和发扬。玉成窑文人紫砂是中国紫砂艺术的巅峰，通过收藏、品赏、研究和传承玉成窑遗存的各种隽美的造型和令人望其项背的诗书画刻及制作技法，以挖掘那一段优秀的人文历史，让后人更多更全面地了解它的文化力量与艺术价值。

现今传承玉成窑首先是延续和摸索紫砂器的造型设计，要掌握玉成窑造型艺术特点，尤其是外形细微处线条变化的处理，转换节奏的掌握，各部件的比例关系，这些体现工匠精神和紫砂文化的技法值得敬仰和学习。玉成窑汉铎壶、石瓢壶、钟式壶、椰瓢壶、柱础壶、花盆、赏瓶、水丞等经典器型的造型都是必须摹学的，要完整娴熟掌握这些器型的造型技法诚属不易，以古为师是传承玉成窑器型的重要方式。

五百年来中国紫砂文化经久未衰，得益于一代代的传承与发扬，特别是清代末年文人群体以不同形式参与紫砂创作，成就了紫砂艺术的蓬勃发展，他们以坯作纸，以刀为笔，以文入器，为紫砂注入了高雅的艺术生命，提升和丰富了紫砂的品位和文化内涵。所谓"字随壶传，壶以字贵"，玉成窑紫砂器融入了文人墨客的诗、书、画、印、刻诸多文化元素后，已成为可集多种传统文化于一体的一个创新的艺术门类。通过陈山农、何心舟等名家精湛微妙的镌刻来表现前人郑板桥、罗聘、李鱓、曼生等诗词名句，或瓦当、砖文、钟鼎文等金石文字，或玉成窑最多最具代表性的梅赧翁原创铭文，或胡公寿、虚谷、徐三庚、任伯年等大家的书法和绘画，使得玉成窑的各式壶型、各种文房雅玩，均显得质朴典雅、温润秀气，极具书卷气。这是玉成窑文人紫砂的精髓，更是我们在摹学技法的同时最需要传承的文化核心。玉成窑紫砂器之所以被后人追捧，不仅仅是造型之美，更有文化之美。整体上讲我们传承的是玉成窑的历史，玉成窑紫砂器"外表美"和"心灵美"二者殊妙结合而天趣横生的方式方法，进一步弘扬中国"超以象外，得其环中"的审美思想和艺术精神，让后人可以借鉴和学习，并修正当下一些不恰当的审美取向和盲目追求，使紫砂从业者、艺术爱好者的审美品位、文化修养有更高的提升，丰富现代紫砂器的文化性和趣味性，让紫砂艺术不断发展和创新，成为中国文化长河中一颗永远灿烂的明珠。

第二节　摹古与创作

清中期"曼生壶"的兴起为文人紫砂奠定了基础，陈曼生是文人紫砂里程碑式人物。玉成窑文人紫砂继承了前辈的文化元素和艺术思想至晚清达到巅峰，此后虽过去百年，但精神终究不灭。文人紫砂艺术要薪火相传，玉成窑非物质文化遗产要发扬光大，需不断挖掘玉成窑潜在的文化力量，精研和总结玉成窑的风格与特色，如法摹古玉成窑传世真品并逐步创新发展是复兴玉成窑的重要环节。摹制古器分为摹"型"和摹"韵"两部分，摹"型"就是探索古人制壶造型的技法，按原作容量1：1或按实用要求缩小比例减少容量进行摹制，具体步骤分为：首先设计壶型，画好制作图纸，选泥试样，样式修调定型后再制作配用工具；准备好泥料，然后采用传统拍身筒成型方式，大致流程为拍打泥片、裁身筒片、拍身筒、拍底口片、裁底口片、围接身筒等工艺，用手指从里抵住泥片，用木拍子先下后上，从外将圆形身筒拍成上收下敛的空心壶身，在此过程中先后镶上圆底线片和上口线片（满片），最后粘接上壶嘴、壶把、壶盖及的子（盖钮），经精细的明针加工，制成壶坯，待自然晾干到所需程度，撰文并设计书法布局，题写铭文，最后镌刻。为了使摹古作品的造型、书法、镌刻尽可能接近原作，需要一遍又一遍反复地调整和制作。在此基础上学以致用，推陈出新，并有所发展。摹习玉成窑古器的外形是摹古中的第一步，也是摹古的基本过程。从传世的各种壶器的造型设计创意、各部件比例的精准度、点线面三者的机巧结合、泥料的配制、窑烧等方面来看，现在我们摹古是较难全部掌握的，不断反复摹仿古人的制作技法和表现形式至关重要，现代许多紫砂大师的创作灵感都是在长期摹习中积累产生的，而最难摹学的是"摹韵"，摹学玉成窑古器的文气雅韵和透射出的金石古韵，也就是所谓的"书卷气"，是摹古中的第二步，也是最值得学习吸收的内容。从传世古器上的诗、书、画、刻来看，诗文中写景、写人、写物、写事，均具有丰富的艺文内涵和闲适情趣，既切题又切意；书法的字体、字体的大小、书写的位置与壶器造型结合的相得益彰，交相生辉；绘画架构简约，意境空灵高逸。要摹学这些传统艺术元素，使摹古作品"形韵"相随，是要依赖摹古者自身的文化积淀和真诚的处世态度来完成的，因此摹古前对古器的品赏探讨和领悟研究是摹古中一个十分重要的阶段。

创作现代文人紫砂，必先揣摩清代文人的创作思想，然后反复临摹他们的传世作品，而这样的临摹研习，往往可能是要贯穿紫砂创作者的一生。这与临摹古人书画如出一辙，正如韩天衡先生说："我们强调临摹碑帖，也应在临摹碑帖的同时，由知彼而知己，知己之长，知己之短，扬长避短，补短为长，有古复有我，久而久之清醒的努力，一定会取得贯穿书家一生的功课。许多著名的书家，即使功成名就，也还不时地临摹高妙的名迹，这似乎与好书不厌百回读是一个义理。相传明末的大书家王铎，一生即是一日临帖，一日自创，交叉攻艺直至终老的。这也是可以给我们以启迪的。"

通过摹古玉成窑的形制、铭文书画和镌刻，可以更正确、更深入地了解玉成窑的高雅品质，了解文人紫砂艰辛的创作过程，摹古的根本是对玉成窑古器有一定的理解与鉴赏能力。摹古玉成窑文人古器时，需要不断反复上手才能悟得其真谛，才能彻底理解其造型的真实意义。观察其外在的气韵和内在的气质，深入文人墨客的审美角度，感受传世作品中流露出的文化内涵，这样的摹古自然不是依葫芦画瓢，而是对古器的尊重，对古贤的尊敬，摹古的最高境界是摹习古贤的美德和艺术气质。董其昌在《容台集》中说："气韵不可学，此生而知之，自然天授。然亦有学得处，读万卷书，行万里路，胸中脱去尘浊，自然丘壑内营。"虽然古时文人的气韵难学到，但通过虚心读书和不断的摹习，了解并掌握玉成窑的技法和气韵，胸中自有丘壑，应该是可以靠近的。

摹古紫砂壶精选原矿紫砂，采用独家摹古气氛窑高温烧成，目的是为能呈现出玉成窑原作的质感，泡茶滋味更好，养出的包浆更见古朴、老气。近年来摹古玉成窑已有了一定的收获，摹古的作品有：汉铎壶、石瓢壶、瓜娄壶、柱础壶、秦权壶、匏瓜壶、横云壶、赏瓶、茶罐、水丞等。成型手法有传统全手工工艺，也有现代模型搪坯半手工工艺。细节处理也是要求很高，泥料、窑烧都参照古器的方式方法，因而摹古作品的成品数量有限。目前摹古作品与原作相比较还有某些方面的差距，但随着经验、技法，学养不断地积累，一定会愈摹愈到位。2019年10月29日，为第二届世界顶尖科学家论坛亲自设计监制的"汉铎壶"摹古作品，被选为本届论坛组委会指定的国饮礼器，赠予与会的65位世界顶尖科学家和我国30位两院院士。其中诺贝尔奖44位、沃尔夫奖5位、拉斯克奖4位、图灵奖3位、麦克同瑟天才奖3位、菲尔兹奖3位、杰出科学家3位。这件摹古作品是出自一把玉成窑汉铎壶古器，采用传统手工工艺制作，按原作1∶1的尺寸摹古复制，壶身如铎，敦厚质朴，气韵流畅，造型隽美，典雅大气，工艺精湛考究。壶身刻有每位科学家自己的签名，壶铭"苍松古泉品试清茗，紫泥新铎谛传汉音"，由张生亲自题写，以汉隶书体刻于壶身，整体上看既能感受到中华传统文化的浓厚气韵，又能给当代文人学者的生活带来闲情雅趣，这件当代摹古作品反响热烈，获评颇高。汉铎是汉代比较盛行的一种青铜乐器，虽有木铎和金铎之分，但均被视作醒世之器。清代玉成窑借鉴了汉代青铜铎器之型，创作了这件文人紫砂壶而成为其经典器型之一。"张生铭玉成窑汉铎壶"摹古作品从泥料调配、制作工艺、造型创作、书法镌刻、窑烧等方面经过反复修正改进，为一件摹古玉成窑较佳的作品，彰显了传统文化与礼仪之道相契融合的紫砂艺术特点。玉成窑各式茗壶适宜各类茶泡饮，其赏玩养韵和宜茶实用一直受当代藏家和品茶爱好者的推崇与喜爱。

当下的泡茶方式决定了壶宜小不宜大，目前摹古后再创新的茗壶是以小壶为主。其实古人也有过这种主张，认为即泡即喝，小壶比大壶更能体现出茶的色香味。《阳羡茗壶系》中说："壶供真茶，正在新泉活火，旋瀹旋啜，以尽色香味之蕴，故壶宜小不宜大。"可见明代时文人雅士就喜欢用小壶来泡茶品茶了。我们参照清代玉成窑文人与名

玉成窑摹古张生铭汉铎壶

匠合作制壶造器的方式，联合了当代书画、篆刻名家和制壶高手对玉成窑一些传世经典古器先进行摹制再做非遗文创，将原作规格做了相应的比例缩调，这是考虑到使用时的舒适感和实用性，即出水流畅缓和，壶把端拿轻松，在此基础上尽量保持原作的形韵。缩比摹古古器不是简单的缩减尺寸，而是需要不断反复调整各部位的比例，注重细微处的线条转换变化，实际上每一处的摹古都是一个再创作的过程。文人紫砂虽然不以技法为主而以意趣取胜，但摹古作品工艺必须认真考究，造型的线条必须流畅自然、灵动有力，创作者必须手法娴练，而且具备一定的审美鉴赏、创作能力。

摹古传世古器需要摹古者的学识悟性、鉴赏能力、审美眼力等深厚底蕴。看古器的气韵就像看人的形象，古器的内涵决定了外在的形韵，靠"整容、化妆"等手段是无法摹仿的，况且不同时期的古器有不同的造型和气韵。大玩家王世襄先生说的"望气"，就是指鉴赏一件古代艺术品须从看气韵开始。"望气"就是先看古器的气息与韵律，再仔细观察、对比、研究古器所散发出的内在本质，如泥料、造型、技法、书法、绘画、镌刻、窑烧、印款等。摹古玉成窑作品是否达到一定的水准，是否到位成功，看壶传递出来的气韵很重要。除了观望器型是否精准外，从诗书画刻品位的高度及内涵的深度、铭文书画的布局及镌刻刀法等"气象"来观赏，可判读出其对古代传统经典造型的理解深度。传承玉成窑的风格特点及文化内涵，摹古后再进行创意衍生，是延续传统文化赋予紫砂艺术新生命的必经之路，创作具有新时代精神的玉成窑文人紫砂新作品，是复兴玉成窑的目的。

玉成窑摹古系列

附 录

宁波茶文化促进会大事记（2003—2021年）

2003年

▲2003年8月20日，宁波茶文化促进会成立。参加大会的有宁波茶文化促进会50名团体会员和122名个人会员。

浙江省政协副主席张蔚文，宁波市政协主席王卓辉，宁波市政协原主席叶承垣，宁波市委副书记徐福宁、郭正伟，广州茶文化促进会会长邬梦兆，全国政协委员、中国美术学院原院长肖峰，宁波市人大常委会副主任徐杏先，中国国际茶文化研究会常务副会长宋少祥、副会长沈者寿、顾问杨招棣、办公室主任姚国坤等领导参加了本次大会。

宁波市人大常委会副主任徐杏先当选为首任会长。宁波市政府副秘书长虞云秋、叶胜强，宁波市林业局局长殷志浩，宁波市财政局局长宋越舜，宁波市委宣传部副部长王桂娣，宁波市城投公司董事长白小易，北京恒帝隆房地产公司董事长徐慧敏当选为副会长，殷志浩兼秘书长。大会聘请：张蔚文、叶承垣、陈继武、陈炳水为名誉会长；中国工程院院士陈宗懋，著名学者余秋雨，中国美术学院原院长肖峰，著名篆刻艺术家韩天衡，浙江大学茶学系教授童启庆，宁波市政协原主席徐季子为本会顾问。宁波茶文化促进会挂靠宁波市林业局，办公场所设在宁波市江北区槐树路77号。

▲2003年11月22—24日，本会组团参加第三届广州茶博会。本会会长徐杏先，副会长虞云秋、殷志浩等参加。

▲2003年12月26日，浙江省茶文化研究会在杭召开成立大会。

本会会长徐杏先当选为副会长，本会副会长兼秘书长殷志浩当选为常务理事。

2004年

▲2004年2月20日，本会会刊《茶韵》正式出版，印量3 000册。

▲2004年3月10日，本会成立宁波茶文化书画院，陈启元当选为院长，贺圣思、叶文夫、沈一鸣当选为副院长，蔡毅任秘书长。聘请（按姓氏笔画排序）：叶承垣、陈继武、陈振濂、徐杏先、徐季子、韩天衡为书画院名誉院长；聘请（按姓氏笔画排序）：王利华、王康乐、刘文选、何业琦、陆一飞、沈元发、沈元魁、陈承豹、周节之、周律之、高式熊、曹厚德为书画院顾问。

▲2004年4月29日，首届中国·宁波国际茶文化节暨农业博览会在宁波国际会展中心隆重开幕。全国政协副主席周铁农，全国政协文史委副主任、中国国际茶文化研究会会长刘枫，浙江省政协原主席、中国国际茶文化研究会名誉会长王家扬，中国工程院院士陈宗懋，浙江省人大常委会副主任李志雄，浙江省政协副主席张蔚文，浙江省副省长、宁波市市长金德水，宁波市委副书记葛慧君，宁波市人大常委会主任陈勇，本会会长徐杏先，国家、省、市有关领导，友好城市代表以及美国、日本等国的400多位客商参加开幕式。金德水致欢迎辞，刘枫致辞，全国政协副主席周铁农宣布开幕。

▲2004年4月30日，宁波茶文化学术研讨会在开元大酒店举行。中国国际茶文化研究会会长刘枫出席并讲话，宁波市委副书记陈群、宁波市政协原主席徐季子，本会会长徐杏先等领导出席研讨会。陈群副书记致辞，徐杏先会长讲话。

▲2004年7月1—2日，本会邀请姚国坤教授来甬指导编写《宁波茶文化历史与现状》一书。参加座谈会人员有：本会会长徐杏先，顾

问徐季子、副会长王桂娣、殷志浩，常务理事张义彬、董贻安，理事王小剑、杨劲等。

▲2004年8月18日，本会在联谊宾馆召开座谈会议。会议由本会会长徐杏先主持，征求《四明茶韵》一书写作提纲和筹建茶博园方案的意见。出席会议人员有：本会名誉会长叶承垣、顾问徐季子、副会长虞云秋、副会长兼秘书长殷志浩等。特邀中国国际茶文化研究会姚国坤教授到会。

▲2004年11月18—19日，浙江省茶文化考察团在甬考察。刘枫会长率省茶文化考察团成员20余人，深入四明山的余姚市梁弄、大岚及东钱湖的福泉山茶场，实地考察茶叶生产基地、茶叶加工企业和茶文化资源。本会会长徐杏先、副会长兼秘书长殷志浩等领导全程陪同。

▲2004年11月20日，宁波茶文化促进会茶叶流通专业委员会成立大会在新兴饭店举行，选举本会副会长周信浩为会长，本会常务理事朱华峰、李猛进、林伟平为副会长。

2005年

▲2005年1月6—25日，85岁著名篆刻家高式熊先生应本会邀请，历时20天，创作完成《茶经》印章45方，边款文字2 000余字。成为印坛巨制，为历史之最，也是宁波文化史上之鸿篇。

▲2005年2月1日，本会与宁波中德展览服务有限公司签订"宁波茶文化博物院委托管理经营协议书"。宁波茶文化博物院隶属于宁波茶文化促进会。本会副会长兼秘书长殷志浩任宁波茶文化博物院院长，徐晓东任执行副院长。

▲2005年3月18—24日，本会邀请宁波著名画家叶文夫、何业琦、陈亚非、王利华、盛元龙、王大平制作"四明茶韵"长卷，画芯总长23米，高0.54米，将7 000年茶史集于一卷。

▲2005年4月15日，由宁波市人民政府组织编写，本会具体承办，陈炳水副市长任编辑委员会主任的《四明茶韵》一书正式出版。

▲2005年4月16日，由中国茶叶流通协会、中国国际茶文化研究会、中国茶叶学会共同主办，由本会承办的中国名优绿茶评比在宁波揭晓。送达茶样100多个，经专家评审，评选出"中绿杯"金奖26个、银奖28个。

本会与中国茶叶流通协会签订长期合作举办中国宁波茶文化节的协议，并签订"中绿杯"全国名优绿茶评比自2006年起每隔一年在宁波举行。本会注册了"中绿杯"名优绿茶系列商标。

▲2005年4月17日，第二届中国·宁波国际茶文化节在宁波市亚细亚商场开幕。参加开幕式的领导有：全国政协副主席白立忱，全国政协原副主席杨汝岱，全国政协文史委副主任、中国国际茶文化研究会会长刘枫，浙江省副省长茅临生，浙江省政协副主席张蔚文，浙江省政协原副主席陈文韶，中国国际林业合作集团董事长张德樟，中国工程院院士陈宗懋，中国国际茶文化研究会名誉会长王家扬，中国茶叶学会理事长杨亚军，以及宁波市领导毛光烈、陈勇、王卓辉、郭正伟，本会会长徐杏先等。参加本届茶文化节还有浙江省、宁波市的有关领导，以及老领导葛洪升、王其超、杨彬、孙家贤、陈法文、吴仁源、耿典华等。浙江省副省长茅临生、宁波市市长毛光烈为开幕式致辞。

▲2005年4月17日下午，宁波茶文化博物院开院暨《四明茶韵》《茶经印谱》首发式在月湖举行，参加开院仪式的领导有：全国政协副主席白立忱，全国政协原副主席杨汝岱，全国政协文史委副主任、中国国际茶文化研究会会长刘枫，浙江省副省长茅临生，浙江省政协副主席张蔚文，浙江省政协原副主席陈文韶，中国国际林业合作集团董事长张德樟，中国工程院院士陈宗懋，中国国际茶文化研究会名誉会长王家扬，中国茶叶学会理事长杨亚军，以及宁波市领导毛光烈、陈勇、王卓辉、郭正伟，本会会长徐杏先等。白立忱、杨汝岱、刘枫、王家扬等还为宁波茶文化博物院剪彩，并向市民代表赠送了《四明茶

韵》和《茶经印谱》。

▲2005年9月23日，中国国际茶文化研究会浙东茶文化研究中心成立。授牌仪式在宁波新芝宾馆隆重举行，本会及茶界近200人出席，中国国际茶文化研究会副会长沈才土、姚国坤教授向浙东茶文化研究中心主任徐杏先和副主任胡剑辉授牌。授牌仪式后，由姚国坤、张莉颖两位茶文化专家作《茶与养生》专题讲座。

2006年

▲2006年4月24日，第三届中国·宁波国际茶文化节开幕。出席开幕式的有全国政协副主席郝建秀，浙江省政协副主席张蔚文，宁波市委书记巴音朝鲁，宁波市委副书记、市长毛光烈，宁波市委原书记叶承垣，市政协原主席徐季子，本会会长徐杏先等领导。

▲2006年4月24日，第三届"中绿杯"全国名优绿茶评比揭晓。本次评比，共收到来自全国各地绿茶产区的样品207个，最后评出金奖38个，银奖38个，优秀奖59个。

▲2006年4月24日，由本会会同宁波市教育局着手编写《中华茶文化少儿读本》教科书正式出版。宁波市教育局和本会选定宁波7所小学为宁波市首批少儿茶艺教育实验学校，进行授牌并举行赠书仪式，参加赠书仪式的有徐季子、高式熊、陈大申和本会会长徐杏先、副会长兼秘书长殷志浩等领导。

▲2006年4月24日下午，宁波"海上茶路"国际论坛在凯洲大酒店举行。中国国际茶文化研究会顾问杨招棣、副会长宋少祥，宁波市委副书记郭正伟，宁波市人民政府副市长陈炳水，本会会长徐杏先等领导及北京大学教授滕军、日本茶道学会会长仓泽行洋等国内外文史界和茶学界的著名学者、专家、企业家参会，就宁波"海上茶路"启航地的历史地位进行了论述，并达成共识，发表宣言，确认宁波为中

国"海上茶路"启航地。

▲2006年4月25日，本会首次举办宁波茶艺大赛。参赛人数有150余人，经中国国际茶文化研究副秘书长姚国坤、张莉颖等6位专家评选，评选出"茶美人""茶博士"。本会会长徐杏先、副会长兼秘书长殷志浩到会指导并颁奖。

2007年

▲2007年3月中旬，本会组织茶文化专家、考古专家和部分研究员审定了大岚姚江源头和茶山茶文化遗址的碑文。

▲2007年3月底，《宁波当代茶诗选》由人民日报出版社出版，宁波市委宣传部副部长、本会副会长王桂娣主编，中国国际茶文化研究会会长刘枫、宁波市政协原主席徐季子分别为该书作序。

▲2007年4月16日，本会会同宁波市林业局组织评选八大名茶。经过9名全国著名的茶叶评审专家评审，评出宁波八大名茶：望海茶、印雪白茶、奉化曲毫、三山玉叶、瀑布仙茗、望府茶、四明龙尖、天池翠。

▲2007年4月17日，宁波八大名茶颁奖仪式暨全国"春天送你一首诗"朗诵会在中山广场举行。宁波市委原书记叶承垣、市政协主席王卓辉、市人民政府副市长陈炳水，本会会长徐杏先，副会长柴利能、王桂娣，副会长兼秘书长殷志浩等领导出席，副市长陈炳水讲话。

▲2007年4月22日，宁波市人民政府落款大岚茶事碑揭碑。宁波市副市长陈炳水、本会会长徐杏先为茶事碑揭碑，参加揭碑仪式的领导还有宁波市政府副秘书长柴利能、本会副会长兼秘书长殷志浩等。

▲2007年9月，《宁波八大名茶》一书由人民日报出版社出版。由宁波市林业局局长、本会副会长胡剑辉任主编。

▲2007年10月，《宁波茶文化珍藏邮册》问世，本书以记叙当地八大名茶为主体，并配有宁波茶文化书画院书法家、画家、摄影家创

作的作品。

▲2007年12月18日，余姚茶文化促进会成立。本会会长徐杏先，本会副会长、宁波市人民政府副秘书长柴利能，本会副会长兼秘书长殷志浩到会祝贺。

▲2007年12月22日，宁波茶文化促进会二届一次会员大会在宁波饭店举行。中国国际茶文化研究会副会长宋少祥、宁波市人大常委会副主任郑杰民、宁波市副市长陈炳水等领导到会祝贺。第一届茶促会会长徐杏先继续当选为会长。

2008年

▲2008年4月24日，第四届中国·宁波国际茶文化节暨第三届浙江绿茶博览会开幕。参加开幕式的有全国政协文史委原副主任、浙江省政协原主席、中国国际茶文化研究会会长刘枫，浙江省人大常委会副主任程渭山，浙江省人民政府副省长茅临生，浙江省政协原副主席、本会名誉会长张蔚文，本市有王卓辉、叶承垣、郭正伟、陈炳水、徐杏先等领导参加。

▲2008年4月24日，由本会承办的第四届"中绿杯"全国名优绿茶评比在甬举行。全国各地送达参赛茶样314个，经9名专家认真细致、公平公正的评审，评选出金奖70个，银奖71个，优质奖51个。

▲2008年4月25日，宁波东亚茶文化研究中心在甬成立，并举行东亚茶文化研究中心授牌仪式，浙江省领导张蔚文、杨招棣和宁波市领导陈炳水、宋伟、徐杏先、王桂娣、胡剑辉、殷志浩等参加。张蔚文向东亚茶文化研究中心主任徐杏先授牌。研究中心聘请国内外著名茶文化专家、学者姚国坤教授等为东亚茶文化研究中心研究员，日本茶道协会会长仓泽行洋博士等为东亚茶文化研究中心荣誉研究员。

▲2008年4月，宁波市人民政府在宁海县建立茶山茶事碑。宁波市政府副市长、本会名誉会长陈炳水，会长徐杏先和宁波市林业局局

长胡剑辉，本会副会长兼秘书长殷志浩等领导参加了宁海茶山茶事碑落成仪式。

2009年

▲2009年3月14日—4月10日，由本会和宁波市教育局联合主办，组织培训少儿茶艺实验学校教师，由宁波市劳动和社会保障局劳动技能培训中心组织实施。参加培训的31名教师，认真学习《国家职业资格培训》教材，经理论和实践考试，获得国家五级茶艺师职称证书。

▲2009年5月20日，瀑布仙茗古茶树碑亭建立。碑亭建立在四明山瀑布泉岭古茶树保护区，由宁波市人民政府落款，并举行了隆重的建碑落成仪式，宁波市人民政府副市长、本会名誉会长陈炳水，本会会长徐杏先为茶树碑揭碑，本会副会长周信浩主持揭碑仪式。

▲2009年5月21日，本会举办宁波东亚茶文化海上茶路研讨会，参加会议的领导有宁波市副市长陈炳水，本会会长徐杏先，副会长柴利能、殷志浩等。日本、韩国、马来西亚以及港澳地区的茶界人士及内地著名茶文化专家100余人参加会议。

▲2009年5月21日，海上茶路纪事碑落成。本会会同宁波市城建、海曙区政府，在三江口古码头遗址时代广场落成海上茶路纪事碑，并举行隆重的揭碑仪式。中国国际茶文化研究会顾问杨招棣，宁波市政协原主席、本会名誉会长叶承垣，宁波市人民政府副市长、本会名誉会长陈炳水，本会会长徐杏先，宁波市政协副主席、本会顾问常敏毅等领导及各界代表人士和外国友人到场，祝贺宁波海上茶路纪事碑落成。

2010年

▲2010年1月8日，由中国国际茶文化研究会、中国茶叶学会、

宁波茶文化促进和余姚市人民政府主办，余姚茶文化促进会承办的中国茶文化之乡授牌仪式暨瀑布仙茗·河姆渡论坛在余姚召开。本会会长徐杏先、副会长周信浩、副会长兼秘书长殷志浩等领导出席会议。

▲2010年4月20日，本会组编的《千字文印谱》正式出版。该印谱汇集了当代印坛大家韩天衡、李刚田、高式熊等为代表的61位著名篆刻家篆刻101方作品，填补印坛空白，并将成为留给后人的一份珍贵的艺术遗产。

▲2010年4月24日，本会组编的《宁波茶文化书画院成立六周年画师作品集》出版。

▲2010年4月24日，由中国茶叶流通协会、中国国际茶文化研究会、中国茶叶学会三家全国性行业团体和浙江省农业厅、宁波市人民政府共同主办的"第五届·中国宁波国际茶文化节暨第五届世界禅茶文化交流会"在宁波拉开帷幕。出席开幕式的领导有全国政协原副主席胡启立，浙江省人大常委会副主任程渭山，中国国际茶文化研究会常务副会长徐鸿道，中国茶叶流通协会常务副会长王庆，浙江省农业厅副厅长朱志泉，中国茶叶学会副会长江用文，中国国际茶文化研究会副会长沈才土，宁波市委书记巴音朝鲁，宁波市长毛光烈，宁波市政协主席王卓辉，本会会长徐杏先等。会议由宁波市副市长、本会名誉会长陈炳水主持。

▲2010年4月24日，第五届"中绿杯"评比在宁波举行。这是我国绿茶领域内最高级别和权威的评比活动。来自浙江、湖北、河南、安徽、贵州、四川、广西、云南、福建及北京等十余个省（市）271个参赛茶样，经农业部有关部门资深专家评审，评选出金奖50个，银奖50个，优秀奖60个。

▲2010年4月24日下午，第五届世界禅茶文化交流会暨"明州茶论·禅茶东传宁波缘"研讨会在东港喜来登大酒店召开。中国国际茶文化研究会常务副会长徐鸿道、副会长沈才土、秘书长詹泰安、高

级顾问杨招棣，宁波市副市长陈炳水，本会会长徐杏先，宁波市政府副秘书长陈少春，本会副会长王桂娣、殷志浩等领导，及浙江省各地（市）茶文化研究会会长兼秘书长，国内外专家学者200多人参加会议。会后在七塔寺建立了世界禅茶文化会纪念碑。

▲2010年4月24日晚，在七塔寺举行海上"禅茶乐"晚会，海上"禅茶乐"晚会邀请中国台湾佛光大学林谷芳教授参与策划，由本会副会长、七塔寺可祥大和尚主持。著名篆刻艺术家高式熊先生，本会会长徐杏先，宁波市政府副秘书长、本会副会长陈少春，副会长兼秘书长殷志浩等参加。

▲2010年4月24日晚，周大风所作的《宁波茶歌》亮相第五届宁波国际茶文化节招待晚会。

▲2010年4月26日，宁波市第三届茶艺大赛在宁波电视台揭晓。大赛于25日在宁波国际会展中心拉开帷幕，26日晚上在宁波电视台演播大厅进行决赛及颁奖典礼，参加颁奖典礼的领导有：宁波市委副书记陈新，宁波市副市长陈炳水，本会会长徐杏先，宁波市副秘书长陈少春，本会副会长殷志浩，宁波市林业局党委副书记、副局长汤社平等。

▲2010年4月，《宁波茶文化之最》出版。本书由陈炳水副市长作序。

▲2010年7月10日，本会为发扬传统文化，促进社会和谐，策划制作《道德经选句印谱》。邀请著名篆刻艺术家韩天衡、高式熊、刘一闻、徐云叔、童衍方、李刚田、茅大容、马士达、余正、张耕源、黄淳、祝遂之、孙慰祖及西泠印社社员或中国篆刻家协会会员，篆刻创作道德经印章80方，并印刷出版。

▲2010年11月18日，由本会和宁波市老干部局联合主办"茶与健康"报告会，姚国坤教授作"茶与健康"专题讲座。本会名誉会长叶承垣，本会会长徐杏先，副会长兼秘书长殷志浩及市老干部100多人在老年大学报告厅聆听讲座。

2011年

▲2011年3月23日，宁波市明州仙茗茶叶合作社成立。宁波市副市长徐明夫向明州仙茗茶叶合作社林伟平理事长授牌。本会会长徐杏先参加会议。

▲2011年3月29日，宁海县茶文化促进会成立。本会会长徐杏先、副会长兼秘书长殷志浩等领导到会祝贺。宁海政协原主席杨加和当选会长。

▲2011年3月，余姚市茶文化促进会梁弄分会成立。浙江省首个乡镇级茶文化组织成立。本会副会长兼秘书长殷志浩到会祝贺。

▲2011年4月21日，由宁波茶文化促进会、东亚茶文化研究中心主办的2011中国宁波"茶与健康"研讨会召开。中国国际茶文化研究会常务副会长徐鸿道，宁波市副市长、本会名誉会长徐明夫，本会会长徐杏先，宁波市委宣传部副部长、副会长王桂娣，本会副会长殷志浩、周信浩及150多位海内外专家学者参加。并印刷出版《科学饮茶益身心》论文集。

▲2011年4月29日，奉化茶文化促进会成立。宁波茶文化促进会发去贺信，本会会长徐杏先到会并讲话、副会长兼秘书长殷志浩等领导参加。奉化人大原主任何康根当选首任会长。

2012年

▲2012年5月4日，象山茶文化促进会成立。本会发去贺信，本会会长徐杏先到会并讲话，副会长兼秘书长殷志浩等领导到会。象山人大常委会主任金红旗当选为首任会长。

▲2012年5月10日，第六届"中绿杯"中国名优绿茶评比结果揭晓，全国各省、市250多个茶样，经中国茶叶流通协会、中国国际茶文化

研究会等机构的10位权威专家评审，最后评选出50个金奖，30个银奖。

▲2012年5月11日，第六届中国·宁波国际茶文化节隆重开幕。中国国际茶文化研究会会长周国富、常务副会长徐鸿道，中国茶叶流通协会常务副会长王庆，中国茶叶学会理事长杨亚军，宁波市委副书记王勇，宁波市人大常委会原副主任、本会名誉会长郑杰民，本会会长徐杏先出席开幕式。

▲2012年5月11日，首届明州茶论研讨会在宁波南苑饭店国际会议中心举行，以"茶产业品牌整合与品牌文化"为主题，研讨会由宁波茶文化促进会、宁波东亚茶文化研究中心主办。中国国际茶文化研究会常务副会长徐鸿道出席会议并作重要讲话。宁波市副市长马卫光，本会会长徐杏先，宁波市林业局局长黄辉，本会副会长兼秘书长殷志浩，以及姚国坤、程启坤，日本中国茶学会会长小泊重洋，浙江大学茶学系博士生导师王岳飞教授等出席会议。

▲2012年10月29日，慈溪市茶业文化促进会成立。本会会长徐杏先、副会长兼秘书长殷志浩等领导参加，并向大会发去贺信，徐杏先会长在大会上作了讲话。黄建钧当选为首任会长。

▲2012年10月30日，北仑茶文化促进会成立。本会向大会发去贺信，本会会长徐杏先出席会议并作重要讲话。北仑区政协原主席汪友诚当选会长。

▲2012年12月18日，召开宁波茶文化促进会第三届会员大会。中国国际茶文化研究会常务副会长徐鸿道，秘书长詹泰安，宁波市政协主席王卓辉，宁波市政协原主席叶承垣，宁波市人大常委会副主任宋伟、胡谟敦，宁波市人大常委会原副主任郑杰民、郭正伟，宁波市政协原副主席常敏毅，宁波市副市长马卫光等领导参加。宁波市政府副秘书长陈少春主持会议，本会副会长兼秘书长殷志浩作二届工作报告，本会会长徐杏先作临别发言，新任会长郭正伟作任职报告，并选举产生第三届理事、常务理事，选举郭正伟为第三届会长，胡剑辉兼任秘书长。

2013年

▲2013年4月23日，本会举办"海上茶路·甬为茶港"研讨会，中国国际茶文化研究会周国富会长、宁波市副市长马卫光出席会议并在会上作了重要讲话。通过了《"海上茶路·甬为茶港"研讨会共识》，进一步确认了宁波"海上茶路"启航地的地位，提出了"甬为茶港"的新思路。本会会长郭正伟、名誉会长徐杏先、副会长兼秘书长胡剑辉参加会议。

▲2013年4月，宁波茶文化博物院进行新一轮招标。宁波茶文化博物院自2004年建立以来，为宣传、展示宁波茶文化发展起到了一定的作用。鉴于原承包人承包期已满，为更好地发挥茶博院展览、展示，弘扬宣传茶文化的功能，本会提出新的目标和要求，邀请中国国际茶文化研究会姚国坤教授、中国茶叶博物馆馆长王建荣等5位省市著名茶文化和博物馆专家，通过竞标，落实了新一轮承包者，由宁波和记生张生茶具有限公司管理经营。本会副会长兼秘书长胡剑辉主持本次招标会议。

2014年

▲2014年4月24日，完成拍摄《茶韵宁波》电视专题片。本会会同宁波市林业局组织摄制电视专题片《茶韵宁波》，该电视专题片时长20分钟，对历史悠久、内涵丰厚的宁波茶历史以及当代茶产业、茶文化亮点作了全面介绍。

▲2014年5月9日，第七届中国·宁波国际茶文化节开幕。浙江省人大常委会副主任程渭山，中国国际茶文化研究会常务副会长徐鸿道，中国茶叶流通协会常务副会长王庆，中国农科院茶叶研究所所长、中国茶叶学会名誉理事长杨亚军，浙江省农业厅总农艺师王建跃，浙

江省林业厅总工程师蓝晓光，宁波市委副书记余红艺，宁波市人大常委会副主任、本会名誉会长胡谟敦，宁波市副市长、本会名誉会长林静国，本会会长郭正伟，本会名誉会长徐杏先，副会长兼秘书长胡剑辉等领导出席开幕式，开幕式由宁波市副市长林静国主持，宁波市委副书记余红艺致欢迎词。最后由程渭山副主任和五大主办单位领导共同按动开幕式启动球。

▲2014年5月9日，第三届"明州茶论"——茶产业转型升级与科技兴茶研讨会，在宁波国际会展中心会议室召开。研讨会由浙江大学茶学系、宁波茶文化促进会、东亚茶文化研究会联合主办，宁波市林业局局长黄辉主持。中国国际茶文化研究会常务副会长徐鸿道，中国茶叶流通协会常务副会长王庆，宁波市副市长林静国等领导出席研讨会。本会会长郭正伟、名誉会长徐杏先、副会长兼秘书长胡剑辉等领导参加。

▲2014年5月9日，宁波茶文化博物院举行开院仪式。浙江省人大常委会副主任程渭山，中国国际茶文化研究会副会长徐鸿道，中国茶叶流通协会常务副会长王庆，本会名誉会长、人大常委会副主任胡谟敦，本会会长郭正伟，名誉会长徐杏先，宁波市政协副主席郑瑜，本会副会长兼秘书长胡剑辉等领导以及兄弟市茶文化研究会领导、海内外茶文化专家、学者200多人参加了开院仪式。

▲2014年5月9日，举行"中绿杯"全国名优绿茶评比，共收到茶样382个，为历届最多。本会工作人员认真、仔细接收封样，为评比的公平、公正性提供了保障。共评选出金奖77个，银奖78个。

▲2014年5月9日晚，本会与宁海茶文化促进会、宁海广德寺联合举办"禅·茶·乐"晚会。本会会长郭正伟、名誉会长徐杏先、副会长兼秘书长胡剑辉等领导出席禅茶乐晚会，海内外嘉宾、有关领导共100余人出席晚会。

▲2014年5月11日上午，由本会和宁波月湖香庄文化发展有限公司联合创办的宁波市篆刻艺术馆隆重举行开馆。参加开馆仪式的领

导有：中国国际茶文化研究会会长周国富、秘书长王小玲，宁波市政协副主席陈炳水、本会会长郭正伟、名誉会长徐杏先、顾问王桂娣等领导。开馆仪式由市政府副秘书长陈少春主持。著名篆刻、书画、艺术家韩天衡、高式熊、徐云叔、张耕源、周律之、蔡毅等，以及篆刻、书画爱好者200多人参加开馆仪式。

▲2014年11月25日，宁波市茶文化工作会议在余姚召开。本会会长郭正伟、名誉会长徐杏先、副会长兼秘书长胡剑辉、副秘书长汤社平以及余姚、慈溪、奉化、宁海、象山、北仑县（市）区茶文化促进会会长、秘书长出席会议。会议由汤社平副秘书长主持，副会长胡剑辉讲话。

▲2014年12月18日，茶文化进学校经验交流会在茶文化博物院召开。本会会长郭正伟、名誉会长徐杏先、副会长兼秘书长胡剑辉、宁波市教育局德育宣传处处长佘志诚等领导参加，本会副会长兼秘书长胡剑辉主持会议。

2015年

▲2015年1月21日，宁波市教育局职成教教研室和本会联合主办的宁波市茶文化进中职学校研讨会在茶文化博物院召开，本会会长郭正伟、名誉会长徐杏先、副会长兼秘书长胡剑辉、宁波市教育局职成教研室书记吕冲定等领导参加，全市14所中等职业学校的领导和老师出席本次会议。

▲2015年4月，本会特邀西泠印社社员、本市著名篆刻家包根满篆刻80方易经选句印章，由本会组编，宁波市政府副市长林静国为该书作序，著名篆刻家韩天衡题签，由西泠印社出版印刷《易经印谱》。

▲2015年5月8日，由本会和东亚茶文化研究中心主办的越窑青瓷与玉成窑研讨会在茶文化博物院举办。中国国际茶文化研究会会长

周国富出席研讨会并发表重要讲话，宁波市副市长林静国到会致辞，宁波市政府副秘书长金伟平主持。本会会长郭正伟、名誉会长徐杏先、副会长兼秘书长胡剑辉等领导出席研讨会。

▲2015年6月，由市林业局和本会联合主办的第二届"明州仙茗杯"红茶类名优茶评比揭晓。评审期间，本会会长郭正伟、名誉会长徐杏先、副会长兼秘书长胡剑辉专程看望评审专家。

▲2015年6月，余姚河姆渡文化田螺山遗址山茶属植物遗存研究成果发布会在杭州召开，本会名誉会长徐杏先、副会长兼秘书长胡剑辉等领导出席。该遗存被与会考古学家、茶文化专家、茶学专家认定为距今6 000年左右人工种植茶树的遗存，将人工茶树栽培史提前了3 000年左右。

▲2015年6月18日，在浙江省茶文化研究会第三次代表大会上，本会会长郭正伟，副会长胡剑辉、叶沛芳等，分别当选为常务理事和理事。

2016年

▲2016年4月3日，本会邀请浙江省书法家协会篆刻创作委员会的委员及部分西泠印社社员，以历代咏茶诗词，茶联佳句为主要内容篆刻创作98方作品，编入《历代咏茶佳句印谱》，并印刷出版。

▲2016年4月30日，由本会和宁海县茶文化促进会联合主办的第六届宁波茶艺大赛在宁海举行。宁波市副市长林静国，本会郭正伟、徐杏先、胡剑辉、汤社平等参加颁奖典礼。

▲2016年5月3—4日，举办第八届"中绿杯"中国名优绿茶评比，共收到来自全国18个省、市的374个茶样，经全国行业权威单位选派的10位资深茶叶审评专家评选出74个金奖，109个银奖。

▲2016年5月7日，举行第八届中国·宁波国际茶文化节启动仪式，出席启动仪式的领导有：全国人大常委会第九届、第十届副委员

长、中国文化院院长许嘉璐，浙江省第十届政协主席、全国政协文史与学习委员会副主任、中国国际茶文化研究会会长周国富，宁波市委副书记、代市长唐一军，宁波市人大常委会副主任王建康，宁波市副市长林静国，宁波市政协副主席陈炳水，宁波市政府秘书长王建社，本会会长郭正伟、创会会长徐杏先、副会长兼秘书长胡剑辉等参加。

▲2016年5月8日，茶博会开幕，参加开幕式的领导有：中国国际茶文化研究会会长周国富，本会会长郭正伟、创会会长徐杏先、顾问王桂娣、副会长兼秘书长胡剑辉及各（地）市茶文化研究（促进）会会长等，展会期间96岁的宁波籍著名篆刻书法家高式熊先生到茶博会展位上签名赠书，其正楷手书《陆羽茶经小楷》首发，在博览会上受到领导和市民热捧。

▲2016年5月8日，举行由本会和宁波市台办承办全国性茶文化重要学术会议茶文化高峰论坛。论坛由中国文化院、中国国际茶文化研究会、宁波市人民政府等六家单位主办，全国人大常委会第九届、第十届副委员长、中国文化院院长许嘉璐，中国国际茶文化研究会会长周国富参加了茶文化高峰论坛，并分别发表了重要讲话。宁波市人大常委会副主任王建康、副市长林静国，本会会长郭正伟、创会会长徐杏先、副会长兼秘书长胡剑辉等领导参与论坛，参加高峰论坛的有来自全国各地，包括港、澳、台地区的茶文化专家学者，浙江省各地（市）茶文化研究（促进）会会长、秘书长等近200人，书面和口头交流的学术论文31篇，集中反映了茶和茶文化作为中华优秀传统文化的组成部分和重要载体，讲好当代中国茶文化的故事，有利于助推"一带一路"建设。

▲2016年5月9日，本会副会长兼秘书长胡剑辉和南投县商业总会代表签订了茶文化交流合作协议。

▲2016年5月9日下午，宁波茶文化博物院举行"清茗雅集"活动。全国人大常委会第九届、第十届副委员长、中国文化院院长许嘉璐，著名篆刻家高式熊等一批著名人士亲临现场，本会会长郭正伟、

创会会长徐杏先、副会长兼秘书长胡剑辉、顾问王桂娣等领导参加雅集活动。雅集以展示茶席艺术和交流品茗文化为主题。

2017年

▲2017年4月2日，本会邀请由著名篆刻家、西泠印社名誉副社长高式熊先生领衔，西泠印社副社长童衍方，集众多篆刻精英于一体创作而成52方名茶篆刻印章，本会主编出版《中国名茶印谱》。

▲2017年5月17日，本会会长郭正伟、创会会长徐杏先、副会长兼秘书长胡剑辉等领导参加由中国国际茶文化研究会、浙江省农业厅等单位主办的首届中国国际茶叶博览会并出席中国当代文化发展论坛。

▲2017年5月26日，明州茶论影响中国茶文化史之宁波茶事国际学术研讨会召开。中国国际茶文化研究会会长周国富出席并作重要讲话，秘书长王小玲、学术研究会主任姚国坤教授等领导及浙江省各地（市）茶文化研究会会长、秘书长，国内外专家学者参加会议。宁波市副市长卞吉安，本会名誉会长、人大常委会副主任胡谟敦，本会会长郭正伟，创会会长徐杏先，副会长兼秘书长胡剑辉等领导出席会议。

2018年

▲2018年3月20日，宁波茶文化书画院举行换届会议，陈亚非当选新一届院长，贺圣思、叶文夫、戚颢担任副院长，聘请陈启元为名誉院长，聘请王利华、何业琦、沈元发、陈承豹、周律之、曹厚德、蔡毅为顾问，秘书长由麻广灵担任。本会创会会长徐杏先，副会长兼秘书长胡剑辉，副会长汤社平等出席会议。

▲2018年5月3日，第九届"中绿杯"中国名优绿茶评比结果揭晓。共收到来自全国17个省（市）茶叶主产地的337个名优绿茶有效

样品参评，经中国茶叶流通协会、中国国际茶文化研究会等机构的10位权威专家评审，最后评选出62个金奖，89个银奖。

▲2018年5月3日晚，本会与宁波市林业局等单位主办，宁波市江北区人民政府、市民宗局承办"禅茶乐"茶会在宝庆寺举行，本会会长郭正伟、副会长汤社平等领导参加，有国内外嘉宾100多人参与。

▲2018年5月4日，明州茶论新时代宁波茶文化传承与创新国际学术研讨会召开。出席研讨会的有中国国际茶文化研究会会长周国富、秘书长王小玲，宁波市副市长卞吉安，本会会长郭正伟、创会会长徐杏先以及胡剑辉等领导，全国茶界著名专家学者，还有来自日本、韩国、澳大利亚、马来西亚、新加坡等专家嘉宾，大家围绕宁波茶人茶事、海上茶路贸易、茶旅融洽、茶商商业运作、学校茶文化基地建设等，多维度探讨习近平新时代中国特色社会主义思想体系中茶文化的传承和创新之道。中国国际茶文化研究会会长周国富作了重要讲话。

▲2018年5月4日晚，本会与宁波市文联、市作协联合主办"春天送你一首诗"诗歌朗诵会，本会会长郭正伟、创会会长徐杏先、副会长兼秘书长胡剑辉等领导参加。

▲2018年12月12日，由姚国坤教授建议本会编写《宁波茶文化史》，本会创会会长徐杏先、副会长兼秘书长胡剑辉、副会长汤社平等，前往杭州会同姚国坤教授、国际茶文化研究会副秘书长王祖文等人研究商量编写《宁波茶文化史》方案。

2019年

▲2019年3月13日，《宁波茶通典》编撰会议。本会与宁波东亚茶文化研究中心组织9位作者，研究落实编撰《宁波茶通典》丛书方案，丛书分为《茶史典》《茶路典》《茶业典》《茶人物典》《茶书典》《茶诗典》《茶俗典》《茶器典·越窑青瓷》《茶器典·玉成窑》九种分

典。该丛书于年初启动，3月13日通过提纲评审。中国国际茶文化研究会学术委员会副主任姚国坤教授、副秘书长王祖文、本会创会会长徐杏先、副会长胡剑辉、汤社平等参加会议。

▲2019年5月5日，本会与宁波东亚茶文化研究中心联合主办"茶庄园""茶旅游"暨宁波茶史茶事研讨会召开。中国国际茶文化研究会常务副会长孙忠焕、秘书长王小玲、学术委员会副主任姚国坤、办公室主任戴学林，浙江省农业农村厅副巡视员吴金良，浙江省茶叶集团股份有限公司董事长毛立民，中国茶叶流通协会副会长姚静波，宁波市副市长卞吉安、宁波市人大原副主任胡谟敦，本会会长郭正伟、创会会长徐杏先、宁波市农业农村局局长李强，本会副会长兼秘书长胡剑辉、副会长汤社平等领导，以及来自日本、韩国、澳大利亚及我国香港地区的嘉宾，宁波各县（市）区茶文化促进会领导、宁波重点茶企负责人等200余人参加。宁波市副市长卞吉安到会讲话，中国茶叶流通协会副会长姚静波、宁波市文化广电旅游局局长张爱琴，作了《弘扬茶文化　发展茶旅游》等主题演讲。浙江茶叶集团董事长毛立民等9位嘉宾，分别在研讨会上作交流发言，并出版《"茶庄园""茶旅游"暨宁波茶史茶事研讨会文集》，收录43位专家、学者44篇论文，共23万字。

▲2019年5月7日，宁波市海曙区茶文化促进会成立。本会会长郭正伟、创会会长徐杏先、副会长兼秘书长胡剑辉、副会长汤社平到会祝贺。宁波市海曙区政协副主席刘良飞当选会长。

▲2019年7月6日，由中共宁波市委组织部、市人力资源和社会保障局、市教育局主办、本会及浙江商业技师学院共同承办的"嵩江茶城杯"2019年宁波市"技能之星"茶艺项目职业技能竞赛，取得圆满成功。通过初赛，决赛以"明州茶事·千年之约"为主题，本会创会会长徐杏先、副会长兼秘书长胡剑辉、副会长汤社平等领导出席决赛颁奖典礼。

▲2019年9月21—27日，由本会副会长胡剑辉带领各县（市）区

茶文化促进会会长、秘书长和茶企、茶馆代表一行10人，赴云南省西双版纳、昆明、四川成都等重点茶企业学习取经、考察调研。

2020年

▲2020年5月21日，多种形式庆祝"5·21国际茶日"活动。本会和各县（市）区茶促会以及重点茶企业，在办公住所以及主要街道挂出了庆祝标语，让广大市民了解"国际茶日"。本会还向各县（市）区茶促会赠送了多种茶文化书籍。本会创会会长徐杏先、副会长兼秘书长胡剑辉参加了海曙区茶促会主办的"5·21国际茶日"庆祝活动。

▲2020年7月2日，第十届"中绿杯"中国名优绿茶评比，在京、甬两地同时设置评茶现场，以远程互动方式进行，两地专家全程采取实时连线的方式。经两地专家认真评选，结果于7月7日揭晓，共评选出特金奖83个，金奖121个，银奖15个。本会会长郭正伟、创会会长徐杏先、副会长兼秘书长胡剑辉参加了本次活动。

2021年

▲2021年5月18日，宁波茶文化促进会、海曙茶文化促进会等单位联合主办第二届"5·21国际茶日"座谈会暨月湖茶市集活动。参加活动的领导有本会会长郭正伟、创会会长徐杏先、副会长兼秘书长胡剑辉及各县（市）区茶文化促进会会长、秘书长等。

▲2021年5月29日，"明州茶论·茶与人类美好生活"研讨会召开。出席研讨会的领导和嘉宾有：中国工程院院士陈宗懋，中国国际茶文化研究会副会长沈立江、秘书长王小玲、办公室主任戴学林、学术委员会副主任姚国坤，浙江省茶叶集团股份有限公司董事长毛立民，浙江大学茶叶研究所所长、全国首席科学传播茶学专家王岳飞，江西

省社会科学院历史研究所所长、《农业考古》主编施由明等，本会会长郭正伟、创会会长徐杏先、名誉会长胡谟敦，宁波市农业农村局局长李强，本会副会长兼秘书长胡剑辉等领导及专家学者100余位。会上，为本会高级顾问姚国坤教授颁发了终身成就奖。并表彰了宁波茶文化优秀会员、先进企业。

▲2021年6月9日，宁波市鄞州区茶文化促进会成立，本会会长郭正伟出席会议并讲话、创会会长徐杏先到会并授牌、副会长兼秘书长胡剑辉等领导到会祝贺。

▲2021年9月15日，由宁波市农业农村局和本会主办的宁波市第五届红茶产品质量推选评比活动揭晓。通过全国各地茶叶评审专家评审，推选出10个金奖，20个银奖。本会会长郭正伟、创会会长徐杏先、副会长兼秘书长胡剑辉到评审现场看望评审专家。

▲2021年10月25日，由宁波市农业农村局主办，宁波市海曙区茶文化促进会承办，天茂36茶院协办的第三届甬城民间斗茶大赛在位于海曙区的天茂36茶院举行。本会创会会长徐杏先，本会副会长刘良飞等领导出席。

▲2021年12月22日，本会举行会长会议，首次以线上形式召开，参加会议的有本会正、副会长及各县（市）区茶文化促进会会长、秘书长，会议有本会副会长兼秘书长胡剑辉主持，郭正伟会长作本会工作报告并讲话；各县（市）区茶文化促进会会长作了年度工作交流。

▲2021年12月26日下午，中国国际茶文化研究会召开第六次会员代表大会暨六届一次理事会议以通信（含书面）方式召开。我会副会长兼秘书长胡剑辉参加会议，并当选为新一届理事；本会创会会长徐杏先、本会常务理事林宇皓、本会副秘书长竺济法聘请为中国国际茶文化研究会第四届学术委员会委员。

（周海珍　整理）

后记

钟情紫砂已有二十余年，专题收藏、研究、摹古清代玉成窑文人紫砂亦有多年，这或许是缘于青年时期对古代文人文房雅玩的喜爱。玉成窑文人紫砂的美蕴于微处，文人诗书的铭刻，其词约，其义广，其书古，其旨隐，这种以韵寄趣，以文寄情，文意诗情浓载于物的君子气质，常让我沉浸在单一自我的世界里而仍能悠然自得。每次触摸这些存世古器，总能感受到清季江南文人日常生活中的闲情逸趣和温润如玉的风姿。抚今追昔，物我相融，从中深入发掘玉成窑的文化特征和艺术价值，让大家全面直观地了解玉成窑文人紫砂的风貌，为传承和发展文人紫砂打造一个专业平台，这便是编写此书的缘由，并借此抛砖引玉，期望诸家学者竞相探讨！

　　玉成窑文人紫砂自清末以来，经年的参考文献非常稀少，远不及后人对"曼生壶"的关注与研究。但玉成窑存世古器的品类众多，形制文气安静，其美而雅的气质及展现出的独特文化、艺术价值，早已引起国内藏家和紫砂专家的极大关注。同样，我亦是一直心醉神迷于文人紫砂，仿佛冥冥之中自有定数，传承和复兴玉成窑似乎已是自己今生的使命与责任。

　　在玉成窑专题探索和研究的初始阶段，就决定从收藏传世作品开始。那时不断走访多地的收藏家、紫砂专家、紫砂艺人及相关知情者，向他们求教有关玉成窑的往事今生。其间又有幸品赏到多件玉成窑传世标准器，古器均造型隽美，铭刻文雅，气韵摄心，现在想起仍如食甘饴。与此同时，我穿梭于海峡两岸暨香港、澳门的古董藏家与各大拍卖场，采听先业，广购遗珠，将一件件玉成窑存世古器请回它的故土。在此过程中又得益于恩师海上金石书法篆刻家、收藏鉴赏家童衍方、中国陶瓷艺术大师何道洪两位老先生的言传身教和悉心指授，并依托收藏的系列古物，日夜摩挲，反复体悟，研究范围从玉成窑的泥料、制作手法、造型、窑烧等工艺过程，拓展到玉成窑的历史背景、参与人物、文人墨客的诗、书、画和铭刻等人文历史之中。通过这些诗文和书画，多视角了解古时玉成窑合作者的个性情趣，从总体上提升自己研究玉成窑文人紫砂的学术水准。

经多年的思考和研习，对玉成窑传世经典器型又进行了反复的摹古创作。对照玉成窑古器的种类、造型、诗文、书画、镌刻等文化艺术特点，并在此基础上进行创作实践，不断推陈出新，日积月累，其品时有所得，其艺时有所悟，传承和复兴玉成窑终于走出了第一步。在此特别感谢各级领导及各界师友对玉成窑非遗文化的关心与支持，感谢王文章先生对玉成窑文化的指导与鼓励，感谢姜玉珍老师对玉成窑文化研究、传承的支持，感谢庭农、云门闲士、逸庐主人及童门唐子穆、傅一平等师友的支持，尤其要感谢我的夫人单玲利始终理解我的执着之心，为我红袖添香，相伴左右，使我的事业得以顺畅发展。

玉成窑文人紫砂在中国紫砂文化史上占有重要的地位，其影响将会绵延相续。此书仅是我近年来较系统研究与学习的一个总结，其中尚有遗漏和不足之处，仍需继续挖掘考证。谬误之处，亦请方家多指正！

岁在壬寅仲春于玉成精舍

图书在版编目（CIP）数据

茶器典.玉成窑 / 宁波茶文化促进会组编；张生著
. —北京：中国农业出版社，2023.9（2024.1重印）
（宁波茶通典）
ISBN 978-7-109-31211-1

Ⅰ.①茶…　Ⅱ.①宁…②张…　Ⅲ.①茶具—文化史
—宁波　Ⅳ.①TS972.23

中国国家版本馆CIP数据核字（2023）第194511号

茶器典·玉成窑
CHAQI DIAN·YUCHENG YAO

中国农业出版社出版
地址：北京市朝阳区麦子店街18号楼
邮编：100125
特约专家：穆祥桐　　责任编辑：姚　佳
责任校对：吴丽婷
印刷：北京中科印刷有限公司
版次：2023年9月第1版
印次：2024年1月北京第2次印刷
发行：新华书店北京发行所
开本：700mm×1000mm　1/16
印张：17
字数：228千字
定价：88.00元